高效言語治療全攻略

夏小月 著

率先探討腦運動

言語治療：治言法

目錄

言語治療，是治療專業三劍俠（物理治療，職業治療，言語治療）之一，但知名程度不及其他兩種服務；因其服務年期較短，所以一般人對它的認識不深，甚至一知半解。作為第一代的言語治療師，多年來有一個心願，希望退休後撰寫一本書介紹言語治療，以增進社會人仕，特別是家長、教師、社工對言語治療的認識。遺憾的是退休後的事務竟較前更繁多，故久久未能如願。

正當躊躇，是否應開展撰寫言語治療的書時，收到多年不見的師妹夏小月送來的一本書，請我給些意見，並撰寫序言。一看之下，原來是一本以言語治療為主題的書。夏小月是早年政府全資保送，前往澳洲攻讀言語治療課程。世間上果真有英雄所見略同之事！當下我毫不思考，接納了小月的邀請，並急不及待地一口氣讀畢全書。

看畢全書心中只說了一個字“正”。

『正』是它的內容。本書的內容非常充實、豐富，小月除了有系統介紹言語治療服務的一般資料外，還全方位介紹了一些與言語治療有關的概念，知識和理據，例如：言語的廣義，語言發展的基礎及里程等。當然亦包括她多年醉心研究的腦神經的運作與言語發展和治療的關係。無論作為簡介、指南或手冊這本書都能給讀者所需的資料，稱之為全攻略倒也貼切。

『正』是她的表達方式。全書採取了活潑生動的第一身表述及一問一答的互動方式介紹言語治療，使本來枯燥無味的硬知識、硬資料變得親切溫馨。小月更不時引入她累積了30多年的臨床實例，來顯示她的專業。

『正』是本書的前瞻性。言語治療服務在香港只有30多年歷史，可以說是幼童階段，仍有不少發展空間。小月就以『治言法』作為她治療加強版的目標。

謝宗義

謝宗義校長檔案

謝宗義校長早年在香港柏立基教育學院及香港大學畢業後，曾任教於英皇書院和羅富國教育學院。1976年，他為當時港英政府賞識，選派到英國接受言語治療訓練。學成後，他在教育局擔任督學。他一方面，履行香港第一代言語治療師的職責，為中小學學生及兒童提供治療；另一方面，他策劃並推動言語治療發展服務。其中，最廣為人知的，是參與編制「雷尼氏語言專業量表」，這是香港第一份廣東話標準化評估工具。

此外，謝校長還負責選拔培養優秀青年，以獎學金形式保送到澳洲攻讀言語治療課程。不僅如此，由於當時言語治療師嚴重短缺，政府在特殊學校設立協助言語治療師（TAST）職位，以舒緩需求壓力。謝校長在柏立基教育學院，以TAST課程主管身份，於1985-1990年間，培育近百位老師！不少他當年的學生在日後還身居領導崗位。

1991年謝校長完成了他的主管使命，轉任特殊學校甘乃迪中心校長，職位“更上一層樓”！自始，他運用過往的專業和培育知識，將其深化，擴展至特殊教育；從而，提倡一個以“同一課程”為原則的“平等教育機會”理念。他更積極聯同志同道合的特殊學校領導組成“融通計劃”專業網絡。由此，打開了特殊學校發展及改革校本課程的新局面。多年來，謝校長著力推行“融通計劃”，在計劃得到香港業界廣泛認同之餘；他有志將此理念傳播至中國大陸、台灣及澳門。

謝校長對特殊教育及人才培養不遺餘力，其貢獻有目共睹。他於2016年榮膺當時香港教育學院（現在教育大學）的榮譽院士，以作表揚！

今天，謝校長雖然已經榮休，但他對言語治療以及教育依然心懷熱情；得悉我寫作了這本書時，雀躍之情，溢於言表。在閱讀過本書初稿後，他慨然説道：「呢本書內容由理論到臨床乜都有，真係一本『全攻略』」，本書之名，由此而來。對於被邀為本書賜序，他毫不猶豫，欣然應允，更在本書的編制過程中，義不容辭，積極地給予寶貴意見。其凌雲壯志，由此可見，可敬、可佩！

作者簡介

夏小月女士於1983年考取香港政府獎學金，赴澳洲Cumberland College of Health Sciences (金巴倫健康科學大學，現雪梨大學）修讀言語病理學學士。至1987年學成回港，成為開啟香港言語治療歷史的先驅者之一。夏女士畢業後於匡智會任言語治療師；1991年任香港大學第一屆言語治療課程的臨床督導。1992年，夏女士獲得香港大學教育碩士學位，同年開設私人診所。2004年夏女士在工作的同時，於香港大學修讀心理學，並獲得心理學深造證書；期間赴美國，取得南加州大學/西部心理服務感覺統合證書，成為罕有的言語治療、感覺統合治療師。在深感情緒對治療成效起關鍵作用的信念下，她再於2011、2012年修讀澳洲Monash大學輔導心理學碩士及兒童心理治療深造文憑課程；亦取得美國體感治療，國際認證身心語言行為程式執行師（ISNS）資格；成為香港第一位同時兼備言語、感統、心理的治療師，樹立了全面治療的里程碑。

從專業生命開始，夏女士希望能將所長貢獻到更多地方，除在早年擔任過澳門教育署客籍講師外，2011年又在北京成立了「北京夏氏教育諮詢有限公司」，為內地言語治療事業開創新一頁。

大學專業資歷	
1987年	澳洲雪梨大學，言語病理學學士 (言語治療)
1992年	香港大學，教育碩士
2006年	香港大學，心理學深造證書
2013年	澳洲Monash大學，輔導心理學碩士
2013年	澳洲Monash大學，兒童心理治療深造文憑

國際認可證書	
2004年	美國南加洲大學/西部心裡學會，感覺統合證書
2010年	國際認證ISNS，身心語言程式學執行師證書
2010年	澳洲醫學催眠學院，臨牀催眠及認知行為心理輔導治療證書
2011年	EMDR證書
2012年	美國體感及創傷學院，體感治療高級證書

國際成就	
2013年	澳洲“Golden Key”國際學術成就公會（Golden Key International Honour Society）會員：澳洲的大學成績最佳15%

講座
過往應邀主講有關言語治療專題講座多於200個

作者話...

我於1987年，在澳洲畢業，回港後擔任言語治療師工作。至2019年，我已在這個行業服務三十年了。我自信是一個達標的治療師；不過，對於撰寫工作，尤其是要寫一本以理論為基礎，但又要讓一般讀者看得懂的書，我卻是一個初哥。然而，面對這個不熟悉的任務，我還是躍躍欲試。因為，縱然言語治療在香港已有接近半世紀的歷史，但迄今為止仍未有一本普及大眾的中文版專業書。所以，讓香港和國家擁有一本，從理論知識到實踐經驗皆有的言語治療專業書籍，是我一直以來的心願。

回想當年，我放下書包，以熱切之心投身到這個行業，直至今天。雖然，我在治療界已經打滾了這麼多個年頭，但在做好言語治療工作之餘，鑽研更有效治療方法的心，卻從未曾冷卻過。2004年，我遠赴美國修讀「感覺統合」，同時在香港大學進修心理學課程，並把這些知識融入治療裡。到近年，我再結合運動科學，潛心研究並創立了中外還未出現的「腦運動言語治療」。

時光飛逝，剛畢業時的情景還歷歷在目；不經意間，我已走過了那麼長的一段治療道路⋯⋯在治療工作成為我的回憶之前，我盼望能以自己的經驗，編制一本“全攻略”，為尋找治療者提供一個指南；同時也給同業治療師一個藍本，以此作為起步，促使他們在善用言語治療知識外，能突破傳統，使治療作用能發揮得淋漓盡致！我願為香港言語治療專業肩負起歷史使命；為社會、國家、世界盡一點微力！讓我們面對治療對象時，能自信地說「有得救」！這就是我寫此書的初衷！

第一章
言語治療貫通理論和實踐

曾經有一個來面試的言語治療師，在未能回答我問的理論問題時，忿忿不平地對我説：「一味講理論太迂腐，言語治療最緊要就係『做』，做到咪可以啦！」曾幾何時，在內地有人這麼説：「是否專業不重要，有效果就可以」。這兩個人的思維可算是不謀而合。請問：一個「語言」專業的行業不用理解語言，那麼我們是因何而治？

言語治療的核心是貫通理論和實踐。

「言語」是什麼：自我測試

當你翻開這本書，我假設了你對「言語治療」有點好奇。讓我在下面的環節裡，帶你逐步認識這個行業。

「言語治療」是一個相當恰當的行業名稱，因為顧名思義，顯淺易懂；正如我的職業治療師朋友打趣説，她的行業往往讓人費索思量是幹什麼的！即使是我，也花了很多精力才對他們的行業有所認識。讀者們是否也覺得從字面就知道「言語治療」是做什麼嗎？讓我以「言語」治療給讀者一個自我測試作為這本書的開始，準備挑戰吧！

自我測試

(1)佢嘅語言能力幾好？

請問你明不明白「佢嘅語言能力幾好」這句話是什麼意思？我也試圖問過一些人這個問題，他們大多給我的答案是：「即係佢講嘢幾叻」。我再問：「講嘢幾叻」是什麼意思？這時，受訪者，會想一想，出來的答案，有「說話幾叻」、「表達幾叻」、「語言幾叻」……

(2)「言語治療」還是「語言治療」？

到底這個行業叫「言語治療」還是「語言治療」？根據我接觸的人裡，如果是行外的人，多說「語言治療」，不知讀者怎樣說，又或是有時說「言語」，有時說「語言」？這兩個看起來差不多的詞語有何分別？

區分「言語」和「語言」

「言語」和「語言」代表著兩個非常重要的概念，「言語」在英語是「speech」，「語言」是「language」。只是這兩個詞在中文翻譯上看起來十分相似，才導致我們模糊不清。

*「言語」*是說話聲音部分(McCormick & Schiefelbusch, 1990)。這個聲音是通過呼吸、發聲、發音肌肉互相協調而產生的(Duffy, 1995)。它包含聲線、發音、以及聲音串連（流暢）部分。「言語」在言語治療文獻裡，有時可有廣泛的意思，包含「言語和語言」整體意思。因此，這個行業稱為「Speech Therapy」，中文翻譯為「言語治療」。

*「語言」*簡單來說就是理解和表達能力。它是一個有「代表性」及「運作規則」的符號。例：「bui」音是代表「杯」這件實物；我們說「杯子」，不能說「子杯」。不同社群有不同的符號，也就是不同的方言。

語言成分

雖然我們知道語言是一些符號，但研究「語言」的學者不就此滿足於這個定義。他們要研究「語言」有什麼成分。如果我問你：「蛋糕有什麼成分」？你可能會想到：麵粉、雞蛋、糖等。

那麼，語言又有什麼成分呢？請嘗試讀出以下句子，考考自己可不可以從中領略到語言成分：

（1）我禁日仲未滴（食）飯。你發現什麼？

（2）今日我食飯仲未。你發現什麼？

（3）我一陣仲未食飯。你發現什麼？

（4）我成日未食過飯，其實成兩日未食過飯。你發現什麼？

(5) 一個學生對著正在教訓他的校長說：我仲未食飯。你發現什麼？

（答案：（1）音調、發音錯誤（2）組織次序混亂（3）詞彙用錯（4）「成」表達「整整」（5）學生説這句話時沒有理會場合是否合適）

從語言學角度，語言成分好比蛋糕成分（圖1）研究語言成分的叫做「語言分析」。語言分析包括五個學科範疇：音韻、語法、語義、形態、語用。

*音韻學（phonology）*就是研究「音」組成字的法則。當中包括拼音、發音、語調等，如上面的例子。

*語法學（syntax）*就是句子合成規則，類似我們學習英文的文法一樣。以上例子次序調亂就是語法問題。

*語義學（semantics）*就是話語的自然意思。它包括詞彙意思，以及功能。以上例子，以「一陣」代替「今日」，是詞彙錯用，也是將過去意思説成未來意思。

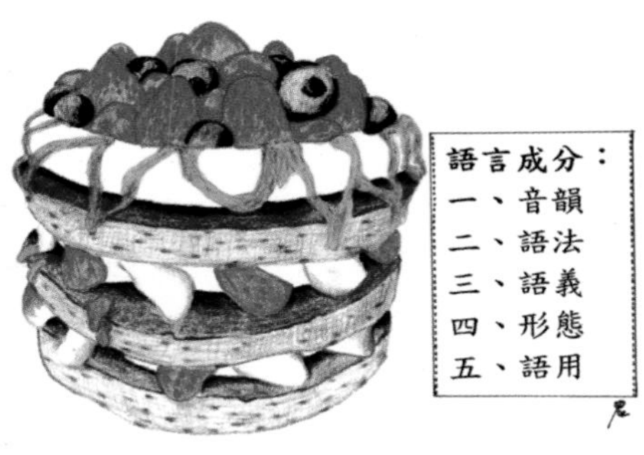

圖1：語言成分好比蛋糕成分

*形態學（morphology）*就是研究字詞的內部結構。以上例子表明説話的人明白「成」有其獨特意思，可彈性組合表達更豐富內容。

語用學（***pragmatics***）就是語言在社交運用時的法則，也就是說話者在實際環境裡的互動溝通能力。以上例子表達了那個學生在一個不恰當的環境說了那句話。

 語言的特性

我們聽到一隻鸚鵡説：「我鍾意你」（圖2）。這句話，有音、有意思……算不算語言？

圖2：鸚鵡學舌

在思考這個問題時，請讀者猜猜這個謎語，或許會找到一點線索。我用了麵粉、雞蛋、糖，焗了一個東西，它是什麼？

（1）圓圓的，外面包著一個脆脆的兜形東西，裡面是軟軟的雞蛋。

（2）圓圓的，按下去有點彈性，外面有層薄薄咖啡色的皮，裡面是米白色的。

（3）圓圓的，按下去有點硬，薄身的一塊，咬下去，有點咬碎的聲音。

（答案：（1）蛋撻（2）麵包（3）餅乾）

正如以上的例子，同樣的成分，但出來的製成品卻不一樣。那麼，要成為語言，需要什麼特徵？

本能性：語言是人類有溝通本能性的表現，即使一群原來不認識對方語言的人走在一起，也會製作出一套溝通工具。鸚鵡所說的話不是為了溝通，是為了那顆獎勵牠的玉米，所以稱不上語言。

發展速度：人類語言是以驚人速度發展。人類不是出生便會説話，但到6歲，已有10000個詞彙（Anglin, 1993)；而鸚鵡的話來來去去只是那幾句，遠遠落後於實在的速度，所以談不上語言。

無限組合：人類的語言智慧是以有限的詞彙作無限的組合。鸚鵡除了學過的那幾句話，便沒有自己創作的話，所以不是語言。

沒有時空限制：語言是一種「符號」，可以用來代表實物，如：「餅乾」，或是概念，如：「愛」。鸚鵡只有説出來的聲音，牠不明白「鍾意」這個抽象概念，所以不是語言。

按一定規律發展：無論是什麼地方，什麼方言，在無需特別訓練下，人類都是按著大同小異的里程發展。鸚鵡的話只是逐句學習，可以教牠説長一點的句子，也可只是單字，沒有規律，不是語言。

語言是人類獨有的：動物研究

上一節解決了我們對語言在定義、成分、特性上的疑惑，讓我們轉一個角度去了解語言。我再次問問讀者：「到底語言是天生還是後天教育出來的？」「是否人類才有語言？」

語言是天生還是後天學會？

從我第一天當治療師，這個問題已被問過很多遍，你是否也有同樣的問題？在學術界，這是後天論與先天論的爭辯。

後天論的代表斯金納（B. F. Skinner）於1957年，提倡語言是行為的一種理論。根據這個理論，語言的獲得，如同行為，是一個刺激——獎勵——反應的結果。他的意思就是，兒童在語言環境下得到刺激，父母因應子女所說的話而給予反應；對的給予認可獎勵，錯的給予矯正；兒童因而建立語言。所以後天論強調語言是學習而來的。然而，這個理論卻解釋不了兒童一些發展中的特色錯誤。例：在英語裡，兒童會說一些不合文法的詞，如：「foots」，但這些錯誤是不可能從模仿成人話語而得來的。套用在中文例子，常見的發展錯誤，如：「唔食到」、「唔過到」等，都不是從成人模仿中得來。即使成人嘗試去修正為「食唔到」、「過唔到」，幼兒也會堅持這樣說，直至他們過渡了這個錯誤時期。

與後天論相反的是**先天論**，由語言學家諾姆•喬姆斯基（Noam Chomsky）於1959年提出。他認為人類在出生時已有一套語言獲得的裝備，名為「語言習得器」（Language Acquisition Device，LAD）。他以語法為證據，強調幼兒在無需特別教育下，自然地發展出母語語法。批評者認為先天論只是概括地提出LAD，卻沒有清晰指引LAD是如何運作。再者，如果人類是天生擁有這個裝備，為何人類不是一出生就說話？

這兩個理論都不能完全滿足我們所見的語言現象，語言學家繼續以其他角度了解語言。

是不是人類才有語言？

先天或後天論都不能全面解釋語言由來，語言學家繼續拆解語言謎團。是否人類才能有語言？要得到答案，且看一些動物研究的結果，然後請讀者評判研究中動物所學的到底是不是語言。

動物研究

Washoe(猿猴)從一歲起被研究員將牠如同人類小孩一樣地養育。Gardner & Gardner（1969,1975）：給牠穿衣服，一同吃飯、玩耍、學習如廁等。他們嘗試訓練Washoe美國手語。4歲時，Washoe學會85個手語，之後幾年，牠的詞彙繼續增加，最後學會大概300個手語。牠更會組合一些詞彙，如：「水」「鳥」來代表「鴨子」；也有句子「Washoe搔癢Roger」。不過，Washoe學會了這些東西後，卻停滯不前，不能繼續發展更高層次的語言概念。例：牠無法分清「Washoe搔癢Roger」和「Roger搔癢Washoe」的分別，牠也學不會問問題，以及判斷別人說話的對錯。到牠5歲時，Gardner決定停止訓練。

從以上的研究結果，你會否認為動物有語言嗎？讀者可以嘗試利用「語言特性」——本能性、發展速度、無限組合、沒有時空限制、按一定規律發展這五個特性來做一個比較。

除了語言組合外，其他都未能達到語言的特性。不過即使是組合也是有限數量，所以，歸根究底，動物還是學不到人類的語言（圖3）。Washoe的研究結果讓我們知道什麼？第一，語言是人類獨有的；第二，即使是動物，也會學習到一些詞彙，只是牠們學會的未能符合人類語言條件，簡單來説，不是語言！

圖3：只有人類才能學習人類語言

人類爲什麼會說話？

請思考一下：到底人類為何會説話？我問的這個問題，出來的答案是：人要溝通、人有腦、人想表達……這當中是否你的答案？

言語條件面面觀

生理結構

我們能説話，是因為我們天生已經擁有這樣的結構。這些結構包括：

*神經結構：*腦袋讓我們思考、發聲發音器官讓我們説出話來、神經可塑性給予我們神經修補，如同皮膚修補能力。

腦知覺接收能力： 讓我們以不同器官接收聲音、看到東西、嗅到氣味……認識事物。這些結構也讓我們可以建立人與人之間的橋樑，如：用眼睛去看人，來滿足溝通傾向。

教養方式建立溝通模式

我們之所以能説話是因為我們是這樣被養育的：

*生存與保護：*我們出生時，沒有自我保護能力，全靠照顧者，給我們得到溫飽，賴以生存，才能有機會與人溝通。

*互動規則：*照顧者在照顧幼兒時，將意思加諸幼兒的行為(圖4)。在這過程裡，幼兒漸漸地領略到自己的行為會引發對方的反應，而且這種來回反應似乎是有規則可循。這些規則就是幼兒發出信息，照顧者給予反應，照顧者的反應又再給予幼兒信息。 這就是人與人之間的溝通。

*建立人、社交關係、事件概念：*在不斷的互動裡，幼兒知道「人」有反應，跟物件是不一樣；知道跟不同人有不同的感覺關係；知道在廁所和外面會有不同的事件發生。

圖4：照顧者將意思加諸幼兒的行為

感覺運動經驗

瑞士心理學家皮亞傑認為，人類首兩年是「感覺運動」期。在這個時期，幼兒通過感覺運動協調，探索環境，建立認知能力（內在思考去適應環境的能力）。部分認知能力就是語言發展的基礎概念：

物件永恆性：物件即使不在面前，也仍然存在。這意味著幼兒可以把物件變成腦海事物，如同語言也是腦海裡事物的符號。

因果關係：通過手段（因），達到目的（果），如同通過語言，達到目的。

模仿概念：這是學習別人行為的能力。幼兒從初期是「現場模仿」，模仿在面前的行為；到後期的「延遲模仿」，在適當時候，通過模仿——藏於腦海的行為，表現出來。這個藏於腦海的模仿能力，如同語言也是腦海裡的事物。

符號概念：這是一個可把腦海概念用另外一個東西代替的能力，是真正語言的基礎。例：孩子拿著積木，假裝打電話。這個例子裡的積木就是代替孩子腦海裡的電話符號，如同聲音「bui」代表腦海裡的物品「杯子」一樣。

語言環境

中國人說中文，英國人說英文；又或是不同地方的人說當地的方言都是說明語言環境的重要性。不過語言環境不單是所操的方言，還有一些重要的有助兒童語言發展的説話方式。這些方式是什麼？現在請讀者説一下這句話，而你的對象是一個1歲多的幼兒：

「嘩，你件衫好靚喔」

這些方式是：

媽媽話：就是當我們面對幼兒時，我們會自然地以一種較高、較誇張的音調來説話的方式。這種改變是不分國籍，不管認不認識這個幼兒的自然做法。記住媽媽話不一定要當媽媽的才會用，爸爸、哥哥、姐姐也用。

其他帶領方式：除了媽媽話外，包括所有成人都會採用較為簡單、直接的話語，並重複使用、示範，讓幼兒能一步一步建立語言能力。

語言發展黃金期

坊間經常聽到「語言黃金期」。有些人甚至把兒童的語言發展畫上一條6歲的死線。到底有沒有這個黃金期？我們先從一個虐兒個案開始。

虐兒案例

一個13歲美國女孩Genie。她的父親極度不喜歡聲音，在她出生後，每當她發出聲音，都會給予嚴厲的懲罰，而她大多數時間也是被捆綁在一個便壺椅子。她被發現時，不會說話。她被拯救後，接受密集的語言訓練。但結果是，無論花怎樣多的時間，她只能學到有限的語言。她可以學到詞彙，但卻不能學到語法、形態知識。簡單來說，就是她只能以詞彙、詞彙組合去表達自己，但不能組織話語，或以更有效的方式（如上面例子：我成日未食過飯，其實成兩日未食過飯）去表達自己。

看了以上的個案，你會認為有「語言黃金期」嗎？這個案件，固然說明了人類若在早期缺乏語言環境，就很難獲得語言；即使後期費盡精力，也不能重獲正常語言。這似乎與黃金期的說法互相呼應。即使如是，讓我們費索思量的還有，為何6歲是語言發展的死線？如果6歲是死線，那麼孩子在6歲仍未能建立與年齡相符的能力，是否他就沒有機會再進步？

我的看法是：

0–6歲是語言發展黃金期

（✕）

發展黃金點由零歲已經開始，因為那是腦部發展最快的時候。所以，0-1歲是黃金期，0-2歲是黃金期，0-3歲……如此類推都是黃金期。

6歲是語言發展死線，過後語言不會進步

（✕）

如果6歲是死線，那麼我們在年長後不用進修外語？

即使不是6歲，過了首幾年再學語言是很難的

（✓）

因為，年紀越大，落後的距離越大，要處理的問題越複雜。

即使不是6歲，或許是5歲，或許是7歲，都存在語言發展死線

（✕）

如果能給予合適的語言發展條件，即使是遲緩，就沒有死線；相反，如果不是合適條件，那麼，不管是5、6、7歲，都是「死」線。

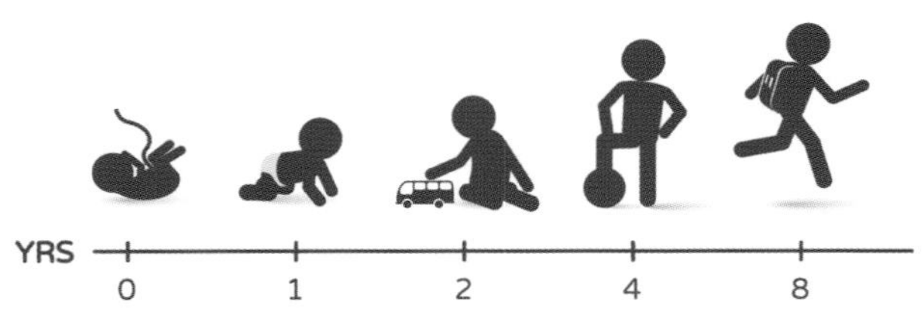

知多
一點點

言語獲得條件的爭辯

這個爭辯主要包括兩個範疇的理論，就是「社交互動理論」及「認知理論」。

社交互動理論提倡社交互動環境是兒童獲得語言的先決條件。贊同這個理論的學者對原因有不同的演繹。學者(Bruner,1974/1975)認為人類是天生的社交動物，語言是用來滿足溝通。他們發現嬰兒即使是在媽媽肚子時，已傾向聽人類的聲音(Condon,1979)。出生以後，他們喜歡看到人的面孔(Fantz,1963)；對成人的聲音有反應(Condon,1979)。在日常生活裡，照顧者看到嬰兒的行為，將原來沒有意思的舉動當作有意思地演繹出來。例如：照顧者看到嬰兒笑，她會說：「你見到媽媽好開心」。這樣地，嬰兒漸漸從生活裡領會到語言規律，獲得語言。

另一些學者，如俄國心理學家維高斯基(L. S. Vygotsky，1896-1934，著作1962)著重的是一個成人、兒童互動的社交環境。在接觸裡，成人因應兒童的年齡以及語言能力去調節自己的語言，與兒童互動及帶領兒童解決問題。這個由淺入深「支架式」的帶領方式，讓兒童漸漸學習到語言。

認知理論就是朝著人類獨有的聰明以另一角度來看兒童發展。這個理論以一個綜合能力名稱「認知」作為理論核心。這個理論是由瑞士兒童心理學家皮亞傑(Jean Piaget, 1952)提出。根據這個理論，人類本能地學習適應環境。從嬰兒開始，人類便主動去探索、操作以理解自己所處的環境。在這個過程裡，人類建立認知概念，語言的出現也是認知發展的一部分。

皮亞傑將認知發展分為四個階段，其中第一、第二個階段對語言獲得及發展最為重要。第一個階段是感覺運動期，幼兒通過協調感覺運動能力，建立語言概念，讓語言出現。第二個階段是前運思期，兒童在這時建立符號能力，讓語言這個符號系統迅速增長。

總結本章

★ 分清「語言」、「言語」、「特性」、「分析」
★ 語言在人類來説是自然獲得的，因此，語言障礙的出現反而不符合自然
★ 言語條件決定語言發展，而不是一個歲數

讀到這裡，相信讀者已掌握了一些語言理論知識。不要小看你掌握了的知識，在言語治療是十分重要的。那個認為理論迂腐的治療師，在二十年後的今天，我希望他有一個不同的看法。

第二章
言語治療和語言發展

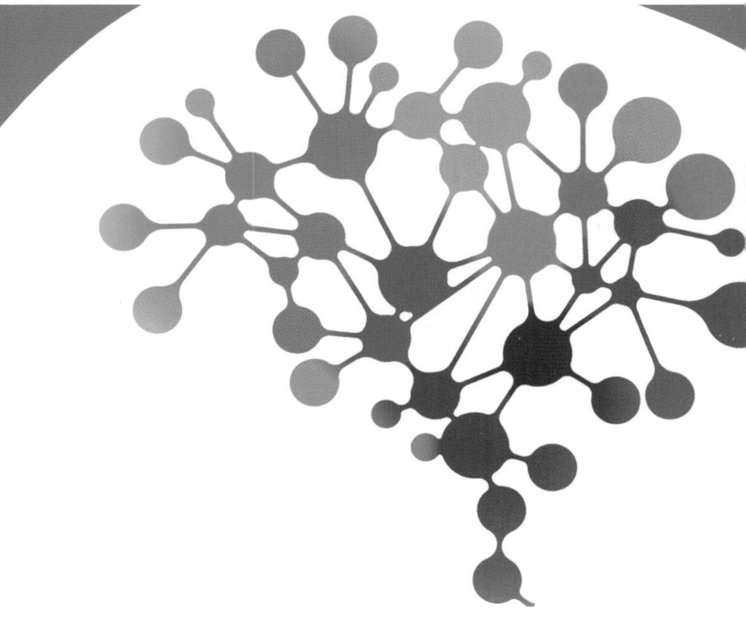

作為言語治療師，經常被問及：「點解你話我個仔語言有問題？」這是很正常的。不過，讀者是否有過這樣的經歷，就是專家説沒有問題，但自己卻覺得有問題？

有一個家長這樣跟我分享：「我帶個仔去做訓練，治療師話佢可以答到故事問題，就係已經達到水平。我同佢講，『點解我覺得唔係嘅？人地兩歲幾已經會講好多，我個仔4歲幾都冇佢地咁叻！』」

其實無論專家與否，我們都是按著發展標準去看的。

第一節

比較知高低：語言發展里程

言語治療的工作就是治療語言障礙。那麼我們憑什麼界定兒童患有語言障礙呢？其中一個重要的參考就是語言發展里程。這些里程的出現，都是通過研究而得來的。它們的使用猶如一把尺，用來量度兒童的語言能力。其實這把尺不單只存在專業文獻裡，也存在我們心中。正如引言中的那個家長，她就是從生活裡看到這把尺，只是，專家有時也會忘記吧！

 西方研究與臨床資料匯合

在西方國家，兒童語言發展研究已開始了幾十年，研究的範疇也甚為廣泛，包括語言理解、表達、語義、語用、語法等等。相比之下，廣東話發展研究很少。到現在，仍未有完整的廣東話發展里程表。在缺乏這些資料下，我一般都是先參考英文資料，再以臨床觀察修改、補充。由於本書的對象是中文讀者，所以，表格內的例子是本人以個人理解資料後，用臨床例子演繹而成的。

下列的表格展示不同範疇的發展里程。這些資料來源包括：本人的臨床觀察，英語文獻資料而又跟本人臨床觀察脗合，可以套用於説中文的人。例如：英語協調句式，以「and」去聯繫兩個句子。我把「and」翻譯成「同埋」，因為這與我觀察到的現象吻合。不吻合的例子：英語語法詞：助動詞（auxiliary verb,「is」），在中文找不到一個翻譯與功能都合適的詞，我便沒有把它放到表格內。

 語言理解與表達的發展里程

當我們想到語言發展，我們會自然地問到底兒童什麼時候開始明白別人的説話？他們又是什麼時候開始講話？表1，表2總結了語言理解發展里程和語言表達發展里程。

表1：語言理解發展里程

年齡	語言理解
6-10個月	■「字詞」對幼兒開始有意義，但理解是受制於環境提示。幼兒是靠著一些環境提示（例：媽媽注視的地方、手勢）去理解語言。例：媽媽張開雙手說：「BB過黎，媽媽抱」。幼兒爬到媽媽那裡，撲向媽媽懷裡。
15-18個月	■開始真正理解，物件名稱的理解不再受制於環境，即使是換了地方，幼兒也可以正確地認出他已學會的東西。 ■幼兒早期理解的語言局限於簡單、不抽象、跟他日常接觸有關的話語。他對成人的說話是一個「整體性」的理解。例：媽媽：「波喺邊度？」幼兒可以找到波。不過，這不代表他明白問題裡的「邊度」。
2-2½歲	■可以聯繫兩個名稱的組合話語。例：媽媽說：「擺波喺臺上面」。幼兒聯繫「波」與「臺」，並把波放在桌上。但這並不等於他明白「上/下」概念。
2½歲	■動作詞彙增加，但這些早期的動作詞彙都是幼兒自己可以做的。例：「瞓覺、行街、打打、打爛」。有時名稱詞可代表動作。例：「奶奶」等於「飲奶」。 ■幼兒對名稱的理解不一定在動作理解之前。例：「打打」是一個很早出現的動作詞。
3歲	■代名詞：我、你出現，一般是「我」先於「你」。
沒有特定歲數	■屬性詞：兒童理解物件屬性詞，並知道屬性詞不一定要與物件捆綁在一起。例：「紅蘋果」的「紅」，不一定與「蘋果」在一起。 ■概念詞：大小先於高矮；肥瘦先於厚薄。

表2：語言表達發展里程

年齡	表達語言
4-8個月	■簡單元音：「咕咕......」到元音--輔音組合「baba......」
8-12個月	■牙牙學語，一連串重複音節「baba......」，「mama......」，後期的類似說話語氣的音串。 ■一些幼兒第一個詞出現。 ■以身體語言表達意思：指物、給（俾）、拜拜。 ■以情緒表達意思：發脾氣。
12-18個月	■第一個詞出現。
18-24個月	■單詞：表達想要的東西或不知道的東西。例：幼兒跟成人在一起時，一邊指著東西，一邊說東西的名稱。 ■單詞句：用單詞表達整句話的意思。例：「街街」代表「我想出街」；也可以是「我地係唔係去街？」 ■50 詞彙後，出現詞彙爆發期。
24-30個月	■雙詞及三詞期：例：媽媽街街、BB食飯。 ■到兩歲，250-300詞彙。
3歲	■500詞彙。

英語資料來源：

Berry (1980), Bloom (1973,1978), Clark (1976), Cooke & Williams (1987), Greenfield & Smith (1976), Grieve & Hoogenraad (1979), Griffiths (1979), Rutter (1972)

 詞彙和敘述的發展里程

詞彙是一個我們可以聯想到的語言能力，正如前一章提到的動物研究，我們也會以詞彙數量來表示語言能力，因此它的發展里程是值得參考的。當兒童的語言繼續發展，他們所用的不單是詞語，還有詞語組合，無限的詞語組合，用來敘述一些事情。因此，敘述發展里程是一個實際、且有用的標準。表3總結了詞彙和敘述發展里程。

表3：詞彙和敘述發展里程

年齡	詞彙	年齡	敘述
12-18個月	單詞		
18-30個月	組合	2-3歲	■敘述事情有焦點，但內容鋪排沒有計劃，沒有明確開端、中間、結尾。孩子只圍繞他覺得重要的事情講述。 ■在這個時期的開始，幼兒的敘述是圍繞一個主幹，說的話是一堆堆沒有關連的話語，如：狗汪汪、貓喵喵、爸爸坐咇咇咇。
	繼續發展，但不再以簡單組合語句出現。	3-4歲	■敘述事情有焦點，事情之間以「然後」連接，有程序的關連。但敘述時，時間程序、地點、角色都沒有明確標明，模糊不清。所以，聽者不能明白全部內容。

	4-5歲	■敘述連串事情，而事情有主題（放學回家發生的事情），事情之間有程序、因果關聯（我肚餓，去食炸雞）；個別的事情裡也有枝節（媽媽唔俾我食炸雞，熱氣）。但敘述內容沒有清晰的時間束縛，其中人物、場景、活動也會混亂，時而偏離主線。（放學之後，我肚餓，我地〈爸爸和我〉去食炸雞，然後打機，我打咗一陣，然後我餓食咗好多炸雞，媽媽唔俾我喺〈屋企〉……）
	5-7歲	■敘述連串事情，而事情有主題、程序、因果、時間、人物、場景束縛。故此，敘述事情有清晰的開始與結尾（從前、有一日……最後……），有過去及發展的程式；內容有主角，並圍繞主角去描述。 ■這些好像我們講故事：有開始、結局、場景、情節發展、主角。

英語資料來源：Owens（1996）

語法發展里程

語法，或者是句式發展，是一個容易被聯想到的語言成分，且經常、甚至是過分，被使用在治療上。首先我讓讀者了解一下語法發展，再探討它的用處。表4簡單列出語法發展里程。

表4：幼兒語法發展里程

年齡	句式
2½-3歲	■主動賓句子，例：媽媽食餅 ■子句（主語+動詞短句，含有連接詞，但未必是完整句），例：同埋佢都冇去 ■「咩嘢」問題
3-4歲	■主動賓句子 ■複合句子 - 聯合句：媽媽買嘢同埋我買嘢 - 嵌入句：我唔鍾意菜，但係媽媽鍾意；嗰個同我玩嘅係我好朋友。 ■「邊度」、「邊個」問題
4歲	■所有句式出現，同一句裡可以有聯合句和嵌入句 ■「點解」問題（兒童需要已理解因果關係）

英語資料來源：

Brown (1973), McCormick & Schiefelbusch (1990), Miller (1981), Owens (1988)

語言里程表不是菜單

有些人，拿著語言發展表，把它當成菜單：跟住做，實無錯。雖然這些表是很好的量度標準，但如果我們把它們變成菜單，不管三七二十一，照單去教，情況就好像我們按考試卷題目去教，當然不能讓學生學到真正的知識。況且，語言不是教出來，而發展過程也有巧妙處，治療師在參考這些里程表時，也需要多方面的考慮，靈活變通。

語言不是「教」出來

語言是主動接收的成果

幼兒通過聽覺接收，加上注意到當時環境而引申出來的。當聽到一個名稱時，幼兒根據物件的特徵、環境的提示，加上先前有的語言知識（例：狗腳、枱腳）來規範名稱的意思。

詞彙獲得因年齡而異

12-18個月的幼兒，學習詞彙是靠環境裡一些明顯的提示。例：圖1的幼兒注意移動中的蒼蠅，而忽略了媽媽的眼神落在哪裡；18-24個月的幼兒，學習詞彙則依靠社交提示，例：圖1的

圖1：詞彙學習因年齡而異

另一個年紀較大的幼兒，以媽媽眼神坐落的地方去理解詞彙。（Golinkoff & Hirsh-Pasek, 2006）

早期詞彙多樣化

一般人有一個誤解，以為幼兒先學的是名稱，其實早期詞彙是多樣化的，除了名稱外，還有動作、社交、情緒的詞彙。例：拜拜、哎呀等詞。即使是名稱，也可能有別的功能，例：「水水」代表飲水。

語言和思考關係微妙

語言和思考在發展過程裡，存在著微妙的關係。它們既不是互不相干，也不是完全依靠。根據俄國心理學家維高斯基（Vygotsky），語言和思考是來自不同的根源。在兩歲前，語言和思考是獨立發展，而未成熟的思考是非語言、非理性的。到兩歲，語言和思考相遇，幼兒開始用語言表達思考。到三、四歲，兒童出現私人言語（private speech），就是自言自語引導思考，以學習新知識（圖2）。這個時候的語言，有著推進思考發展的作用。因此，在孩子一邊説話一邊活動時，我們是很難要求孩子停止出聲，安靜地玩。若真的禁止了他們，活動也可能會被打斷。讀者不妨試試要三、四歲的孩子在玩玩具的時候，不許發出聲音，看看是否成功？隨著年齡增長，思考越趨成熟，私人言語會內化成為內心言語（inner speech）。這時候，兒童不再需要説話來帶領思考，他們可以安靜地進行活動。

圖2：兒童一邊玩一邊以説話帶領思考

單詞理解多層意思

一個詞，不單只是它的名稱，還有相關的知覺、認知概念等多層意思。所以，要真正理解一個詞彙，單學會名稱是不足夠的，讓兒童建立經驗才是最重要。正如圖3的例子，要理解「貓」，我們需要：

- 知道物件的名稱
- 能夠說出物件名稱
- 理解物件有關係的特性。例：貓，有四條腿、可以爬樹、有鬍子
- 理解這個物件的不同外形。例：黑貓、白貓，都是貓
- 理解與這個物件有關的詞。例：舔、爪
- 理解這個物件的類別。例：動物
- 理解這個物件的不同形式表現。例：說話中的「貓」、文字中的「貓」、玩具貓

圖3：一個詞彙多層意義

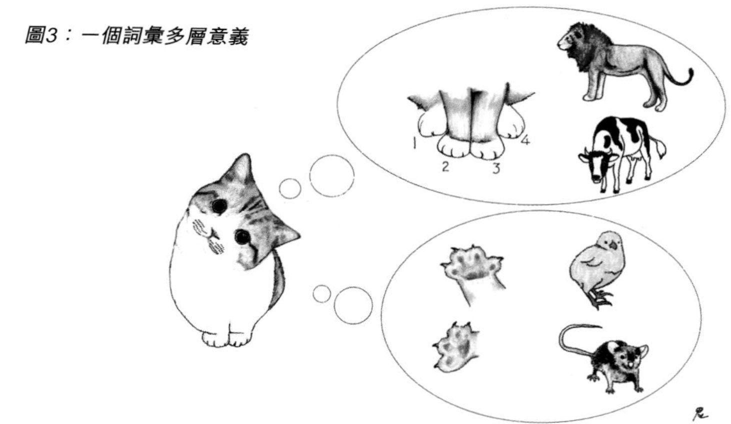

語言發展巧妙處

語言發展有很多有趣的地方，這些有趣的地方是跟我們想法不一樣的。或許，在讀者繼續閱讀前，先思考一下問題：

(1) 語言是否要先理解，後表達？
(2) 幼兒早期是以單詞表達自己，這個相信大家都有所認知。請問，幼兒指著媽媽說：「櫈櫈」是什麼意思？
(3) 語言發展的速度是不是任何時候都一樣？
(4) 幼兒從開始說：「爸爸-食-飯飯」到「爸爸食飯，但媽咪唔食」需要多長時間？
(5) 成人學會詞彙，一般都能記住；幼兒是否也一樣？

理解和表達：兒童往往在未完全掌握一個詞彙的理解時，已經開始使用那個詞彙(Bloom & Lahey, 1978)，並通過運用建立更深層的理解。臨床上，這個現象也不難見到的。例如：在北京，一個四歲語言遲緩的兒童說：「老師麻煩你可不可以拿那個車」。這個兒童顯然模仿了成人的話，但他並不知道「麻煩」的意思。

單詞句：詞彙發展最初是單詞，順理成章的在增加後成為組合。這些早期詞彙，雖然簡單，但仔細分析卻原來是內有文章。首先幼兒的單詞，不但表達那個詞彙的意思，更含有整句意思，成為「單詞句」。例：指著媽媽+「櫈櫈」= 媽媽坐櫈櫈。

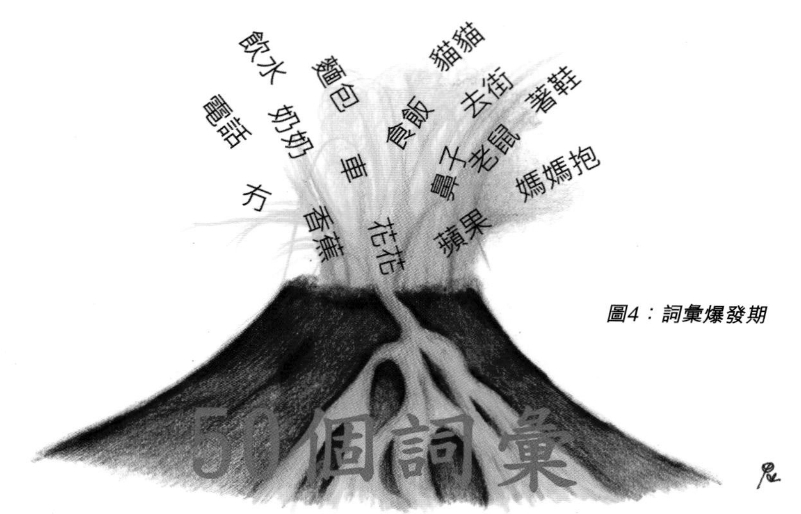

圖4：詞彙爆發期

詞彙爆發期：當詞彙數量達到50這個神奇數字，它們會以幾何式地增加，出現「詞彙爆發期」(Bloom & Capatides, 1987)(圖4)。英語研究顯示這個爆發期在15-24個月出現（Nelson, 1973)；根據本人的臨床經驗，男孩的詞彙爆發期在20-22個月，女孩子會早一些。

語法發展一年間：根據Wells（1985）研究所得，兒童大概三歲開始説簡單「主動賓」句子，例：「爸爸食飯飯」。到四歲，已學會一般複合句式（Owens, 1988），例：「爸爸食飯，但媽咪唔食」。往後句子的變化，也是不同層次裡的混合聯合句和嵌入句。因此，可以説兒童四歲已經出現成人語法。

詞彙的消失：幼兒早期出現的一些詞彙會消失，有些父母因而擔憂幼兒是否退步。但原來這是一個正常的現象，這是由於早期詞

彙不穩定，所以會消失，但消失後又會有新詞彙取而代之。因此，幼兒的詞彙不會因為消失而減少。然而，語言遲緩的兒童則未必有這個表現（Shulman & Capone, 2010）。所以他們累積出來的詞彙就會少於同齡的人。

總結本章

★「發展里程」並不單只是媽媽的參考，也是治療指引
★「發展里程」不是菜單，不可以逐項教
★ 語言發展有巧妙處，家長和治療師可作參考

語言是生活一部分，語言發展里程的標準也來自生活，不管是專業人員還是家長，這些里程的標準是一樣的。如果像引言所述，家長和專家出現不同的觀察，最後的答案仍在生活中。

第三章
言語治療的專業何在？

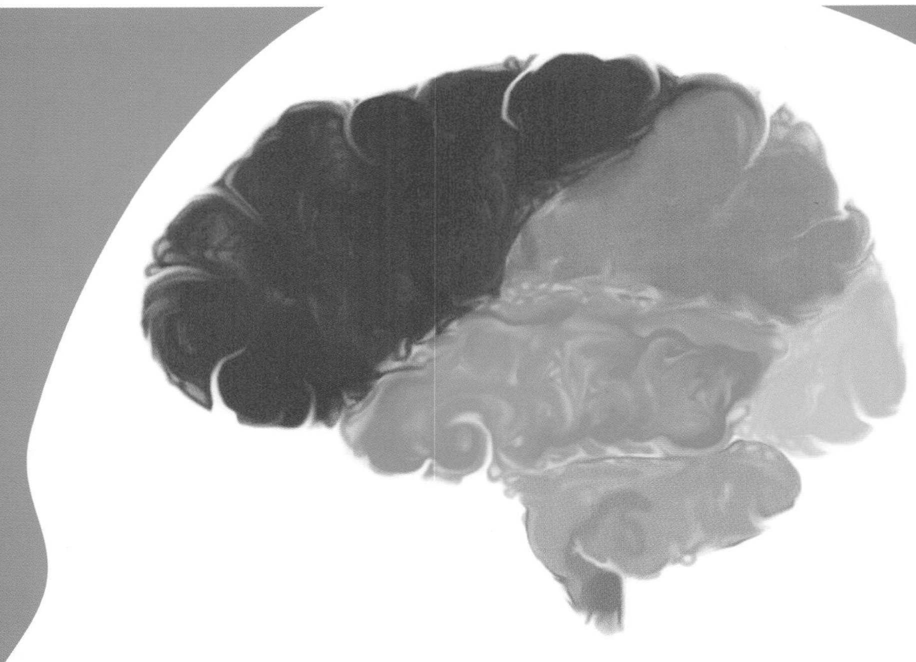

每一次我跟家長傾談，我都會請家長學習思考什麼是專業。如果孩子不會説話，就是教他逐個字跟講，然後給他一塊薯片做獎勵。那麼家長在家裡已經可以做！如果孩子不會説話，只是按他的嘴巴，那為什麼很多流口水的兒童也會説話？！如果治療孩子説話是教不同的句式，那為什麼不是語文老師當言語治療師？！

言語治療的專業何在？

言語治療簡介

言語治療背景

言語治療針對溝通障礙

言語治療是針對溝通障礙，以及與頭頸肌肉運作障礙有關的專業。溝通障礙包括發音、流暢、聲線和語言障礙四種。

「發音障礙」就是發音不準確，如把「公公」説成「冬冬」。
「流暢障礙」就是口吃或迅吃，兩者都是説話與思考不同步的表現。「口吃」的特徵是音節重複、堵塞，而「迅吃」的特徵是説話太快，以至音節缺漏。
「聲線障礙」就是説話聲量、聲質及音調控制困難。
「語言障礙」就是理解及表達能力缺陷。

這幾個障礙聽起來很清晰。那麼讓我來考考讀者：

一個3歲孩子，只能「咿咿呀呀」表示，還未開始説話，屬於哪一類？

（答案在治療部分）

言語治療有百年歷史

言語治療是從美國開始，到現在已有百年歷史。當時的西方國家，心理學、語言學、精神科學發展都很蓬勃；對説話的關注也相繼出現。首先是一批口吃孩子的家長要求學校解決他們孩子的問題，因而出現了初形的言語治療。到1920年，美國芝加哥正式開辦口吃課程；1925年，成立言語矯正協會（即現在的美國言語和聽覺協會）。言語治療也在往後幾年正式成為大學課程。到第二次世界大戰結束，由於要幫助大量戰爭受傷而失去説話能力的人，言語治療需求急劇增加，言語治療更受到社會的重視。到1960-70年間，政府全面為有障礙兒童提供服務，言語治療更為普及。

香港的言語治療在上世紀八十年代才開始，至今只有大概四十年歷史。首批言語治療師是由當時港英政府保送教育署旗下的教師到英國學習。鑑於這個行業的需求日益增加，香港政府再以獎學金形式保送其他非公務員人士，包括我本人在內，到澳洲攻讀為期四年的言語治療學士課程。至1988年，香港大學正式開辦四年制的言語及聽覺科學課程，獎學金也隨之停止。到1992年，第一屆本地訓練的治療師正式畢業。

言語治療課程內容

言語治療是一個四年到五年的大學學士課程，包括理論和臨床兩部分。理論科目主要有生物學、心理學、語言學、言語科學、臨床理論；臨床部分要求學生到不同的機構，包括醫院、成人康復中心、護老院、兒童評估中心、特殊學校、一般小學、社區中心等進行實習工作。學生必須在理論與臨床部分都取得及格成績，才能畢業成為言語治療師。近年，隨著社會和大學政策改變，世界各地的大學開辦了一些兩年到兩年半不等的言語治療碩士課程，讓有志成為言語治療師的非本科人士就讀。

治療語言將理論活出來

語言學者研究語言，提出語言理論。這些語言理論如果只是紙上的東西，那麼研究就變得沒有意思。言語治療正好就是把語言理論付諸應用的專業。如果沒有理論的依據，那麼「教講嘢」就不是專業。

治療是帶領「無限組合」，而不只是練習說某幾句話。

例：以下治療師(T)通過跟兒童(C)玩一個「滑車」遊戲，增加語言雙詞組合。

T ：（拿著車子）

C ：車車

T ：車車擺（T拿著車子，並指著軌道）

C ：車車擺（取車子，放在軌道滑下）

T ：車車“sir”（當車子滑下時，T同時說）

當車子滑到下面時，T假裝跟C鬥快搶車子，讓C搶到。

T ：（一邊搶）搶、搶、搶

C ：搶、搶（搶到）

T ：熙熙（C的名字）搶到

C ：搶到

T ：搶到車

治療必須考慮語言發展里程

治療師須考慮不同範疇的發展歷程，去決定應該帶領什麼範疇，以及達到什麼目標。

例：對於一個開始說單詞，如「爸爸、街街、濕濕、餅餅」的兒童，治療師的目標是帶領兒童發展「語義」，提升至雙詞組合。值得一提的是兒童說「餅餅擺擺」，治療師並沒有作出次序更正，因為這時候語法程序尚未出現，組合的意義是從內容詞彙表達出來。所以，「餅餅攞攞」和「攞攞餅餅」在語義功能上是沒有分別的。

C ：(指著餅乾) 餅餅
T ：攞餅餅
C ：餅餅攞攞
T ：(給餅) 餅餅攞攞

認知理論的應用

例：對於語言未開發的兒童，治療師要協助兒童建立早期認知概念。治療師帶領兒童玩不同的玩具，建立物件概念（認知）。此時，治療師帶領時，無需要求兒童説話，但治療師應加入語氣，開發兒童注意外界事物的認知能力。

回歸理論錯誤不攻自破

了解語言理論讓我們清晰語言是什麼，釐清語言和發音的分別。這樣便可以有效地釋除將言語治療等同於發音訓練的錯誤想法。更讓我們明白語言訓練不是延長句子、跟從指令、逐個字跟著説，或是口肌訓練。甚至當我們會面對那些打著專家名號，説著似是而非的歪理，只要回歸理論，錯誤不攻自破。

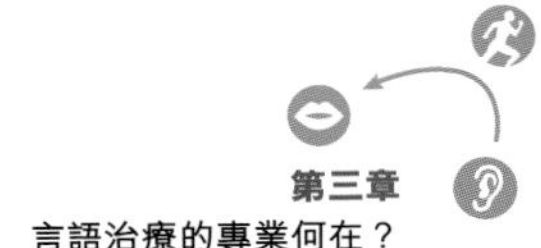

治療前先評估

記得八年前，我剛在北京開始言語治療的工作。從家長口中，得知很多機構都是看看孩子，就拍拍心口，說：「包搞掂」，並沒有評估概念。甚至有一次，我幫一個孩子做完評估後，媽媽不情不願地付款。回家後，孩子的爸爸還補上一個電話，把我們罵得狗血淋頭。幸好，那次之後，我再沒有碰過第二次，看來這些年內地的家長對專業的理解邁進了一大步！評估，是治療必須的，沒有評估，直接做治療，如何知道治什麼？即使孩子在別處做了評估，也需要再評估，因為還未接觸便治療，怎麼知道治什麼？

評估

當家長把兒童帶到言語治療診所，言語治療的流程便開始。首先，治療師會先為兒童評估。評估的目的有四方面，包括了解兒童是否有言語障礙；言語障礙程度；診斷言語障礙的性質：發音、語言、聲線、流暢及其他；綜合評定後作出建議：是否應該接受治療？治療方向及頻率？預計治療時間。

評估方式

治療師會用不同的方式去評估兒童的能力。

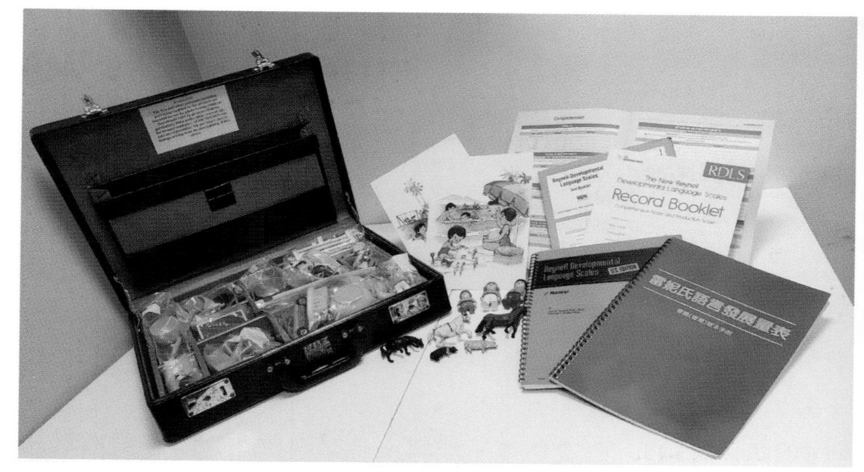

圖1：測試工具 — 雷妮氏語言發展量表

測試：測試是常用的「客觀」方法。測試可分為標準化和非標準化測試兩種。標準化測試就是在測試正式被使用之前，先讓社群裡合適年齡、性別的兒童試做，然後將結果製成「標準」。治療師只要將治療對象的測試結果與標準比對，便可知道對象有沒有語言問題。在西方國家，可以選擇的測試多達幾百個。在香港，第一個大型的標準化測試是在1983-1987年，由當時的香港政府醫務衛生署及教育署共同策劃及推行，制定了「雷妮氏語言發展量表，粵語（香港）版本」（圖1）。這次標準化共用了1081名，年齡由一至七歲的兒童；研究之後，衛生署和香港一些大學也出版過其他零星的評估工具。不過到現在，廣東話測試依然不多。治療師也會用自己編製的工具，那就是非標準化測試。

讀者在這時會否有以下問題：

問：既然標準化測試可以知道兒童的語言程度，那為什麼有這麼多測試？還有，治療師自己編製的不一定準確，為什麼還是用？

答：語言是一個很廣泛的能力，任何一個測試都不可能囊括這麼廣泛的範圍。因此，無論治療師選擇什麼測試，包括自製的測試，也只是輔助自己去了解兒童的能力。

臨床觀察：正如以上所說，任何測試都只是輔助治療師了解兒童的能力。評估最重要的環節是治療師的臨床觀察。此話何解？臨床觀察是協助治療師對兒童的語言運用、行為、情緒、與父母關係的理解。這些資料，需要和測試結果一同匯集，來判斷兒童的能力。回到我們的焗蛋糕比喻，治療師就好比一個烹飪專家，她的責任就是去評定面前的蛋糕是否及格。她的量度工具都顯示蛋糕的糖分、麵粉用量是否合乎標準。不過，這不就代表蛋糕及格。那是為什麼？

我曾經做過以下一個評估：

一個孩子6歲，做評估時表情很是嚴肅。測試分數顯示他的語言合乎年齡，但我跟他對話時，他很被動，反應慢，且不能將一些事情有條理地說出來。

這個孩子在測試和在互動對話時，有明顯的分別。我集合了測試方式，包括圖片描述，結合臨床觀察結果：認為這個孩子的問題是互動說話，表現緊張，也不能將腦海裡的想法說出來。我因此得出了一個結論：這個孩子做描述圖片時，不用想像，依圖直說；而描述也是單向性的，沒有互動，所以沒有把他的問題暴露出來。但他的被動，他的情緒，創作性說話等障礙則在互動過程中表現無遺。正如蛋糕的例子，即使客觀量度條件合格，但蛋糕仍然可以是不及格。因為，專家還會用自己的眼睛、經驗去看、去評定的。原來放在面前的是一個餅乾，當然就不能是一個合格的蛋糕！

其他測試：評估沒有規定測試的數量。不過，治療師一般都不會做幾個測試。然而，當治療師可能在評估過程中懷疑兒童另有一些問題時，便加插其他測試工具（圖2）。這些工具可包括廣泛的方向，如讀寫、思維、情緒等。

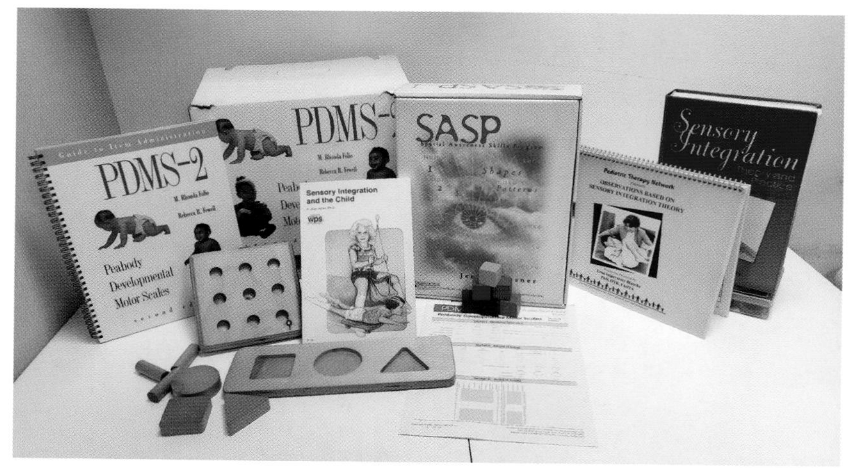

圖2： 其他測試

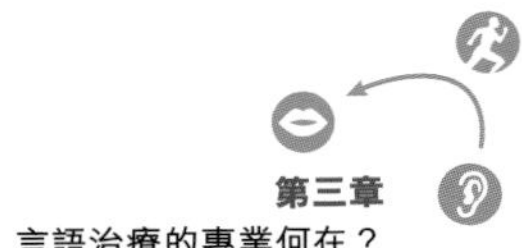

評估結果分析

以上的例子正好就是評估分析，分析後治療師便可作出診斷，並且將這個結果跟家長溝通。跟家長溝通是很重要的，治療師讓家長了解子女的表現結果，也須解釋這個結果與孩子在生活中的表現關係何在，甚至可以預測孩子因此而會遇到的困難。最後當然是治療建議。

如果作為讀者的你，且是家長，那麼請你記住，評估後最應該關心的是分析和意見，而不是數字。我的經驗是家長們往往在做完評估後，拿著結果來問我是什麼意思：

我個女2歲3個月做咗評估，嗰個治療師話佢符號遊戲能力係1歲3個月；語言理解係2歲1個月；語言表達係1歲10個月；記憶係3歲。

我只能夠跟家長解釋這些測試是什麼，至於那些數字，在沒有臨床看過孩子的表現是很難解釋的。正如以上的女孩在語言理解上是2歲1個月，不能只是通過數字比較就說是遲緩的，所以最後都是「再做一次評估」吧！

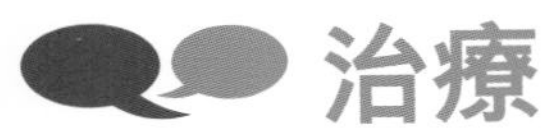

治療

根據評估結果，治療師便正式開展治療。現在要回到這章開始時要討論的問題了。

一個3歲孩子，只能「咿咿呀呀」表示，還未開始説話，屬於哪一類？

他屬於語言問題。他能「咿咿呀呀」已不是發聲問題，也不是發音問題，因為發音的前提是他在説話，只是咬字不清晰。所以治療的方向是帶領話語——情景規律概念，而不是逐個音學，更不是口腔肌肉訓練。

治療目標

*「發音治療」：*一般都是在兒童有語言能力後才做的，因為兒童在訓練過程需要足夠的詞彙做練習；單詞處理好，便要提升難度，到最後在日常生活時説話咬字清晰才算完成。發音問題大多數牽涉對象的聽覺聲音接收能力，徵結是「以音治音」，而不一定需要口腔肌肉訓練。最近我幫一個4歲男孩做發音治療，他有四個組別的音不會説，其中包括把「車」説成「些」等。我只是首兩節課用了壓舌棒一會兒來協助他。4節課後，他已經可以在生活上説出正確的音。這問題日後再作詳談。

*「發聲治療」：*一般也是兒童有語言能力後才做，因為發聲需要理解問題所在以及行為控制。

*「口吃治療」：*這個同樣需要兒童有相當的語言能力，因為治療需要理解和行為控制。

*「語言治療」：*這是一個結合語言理論、語言刺激帶領技巧的治

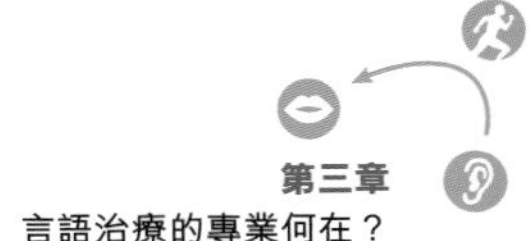

療。語言治療的重點是「概念」或「語言規律」的帶領，而不是不斷把句子延長，也不是跟從越來越長的指令。

治療活動

治療活動十分多元化，所用的工具，包括：實物（玩具）、圖片、遊戲；亦可以是沒有工具，如：對話。雖然科技發達，但到目前為止，我仍未見到可以帶領語言互動的機器。治療師因應治療者的年齡、能力程度，彈性設計治療活動。

玩具使用適用於語言年齡在3歲以下的兒童。因為，玩玩具給予兒童實體經驗，讓他們通過感覺運動經驗，建立語言概念。3歲以上的，玩具也可以靈活使用，達到語言目標。

圖片或其他平面工具（圖3），如：書本，可使用於3歲語言水平的兒童，因為他們多能看懂平面圖畫。開始使用時，以簡單背景突出主題較為合適，再隨著兒童的能力調節複雜度。

圖3：圖卡工具

活動/遊戲針對的對象沒有年齡界限。因為這些工具都是混合使用，治療師依據自己的知識、經驗和創意設計內容。

說話/對話是對於語言年齡在5、6歲以上的兒童、少年較為合適，治療師以直接對話帶領治療者思考和説話，針對的問題很廣泛：工作記憶、心智解讀、空間想像、批判思考、解難能力、邏輯思維……

語言刺激

在進行活動的同時，治療師同時要強化兒童主動表達的意欲，讓他們「想」把話語説出來；再利用時機，運用「語言刺激」提升兒童的語言。一個成功的治療，兒童不知道自己正在上課。以下是「語言刺激」的解説：

直接問：以問題方式直接問：「這是什麼？」
模仿：治療師説出目標話語，要求兒童跟説
示範：在與兒童互動時，治療師把目標話語説出來，讓兒童吸收
等待：治療師製造含有目標話語的互動環境，讓兒童自行説出來
修改/重組：治療師將兒童説出來的話語修改/重組，説出來
擴張：治療師將兒童的話語添加資料，再説出來
自己說話：治療師形容自己的動作
平衡說話：治療師説出兒童的動作

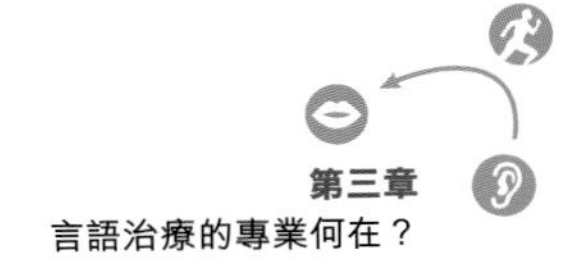

第三節 為什麼會有語言障礙？

相信這個問題是很多人都想問的，尤其是家長。眼看著精靈可愛的子女，甚至有些家長覺得子女的早期成長比一般孩子更棒。為何他們會是發展遲緩？在這裡首先我們一起討論一下坊間的一些説法。

語言障礙：一般的疑惑

家中語言雜亂

香港有很多家庭成員會用不同的方言，爸爸跟孩子説普通話，媽媽説廣東話，照顧生活起居的阿姨説英文。所以子女語言混亂（圖4），發展落後。

圖4：家中語言雜亂

答：這不會導致語言障礙。在很多香港或內地家庭，家人都有不同的方言。這是一個頗為常見的現象。如果這是問題，那麼豈不是很多孩子都遲緩？語言障礙好比電視天線出了問題。那麼無論我們看一個或幾個電視台，都會有問題。相反，如果天線運作正常，所有電視台都可以收看到。其實，人類是天生可以學習幾種語言的，所以，多方言不會導致語言障礙。

父母工作忙，跟孩子互動時間少

有人會認為是否因為父母工作時間長，跟孩子説話少（圖5），所以影響孩子的語言發展。

圖5：父母工作忙

答：除非孩子是被關起來，沒有機會跟人接觸，否則，即使跟孩子説話的時間少，也不會導致子女的障礙。因為，孩子在生活中也會接觸不同的人，這些都是有語言刺激的環境。

家裡沒有別的孩子

這個想法的人以為家裡只有一個孩子（圖6），子女沒有機會跟其他孩子互動，變得孤僻，不說話，不理會別人。

圖6：家裡只有一個孩子

答：很多家庭都是一個孩子，但也沒有這樣的問題。況且，孩子如果上學，學校裡的同學已是很好的刺激；即使未上學的幼兒，在外面玩耍時，也會有別的小朋友。所以，家中只有一個孩子，一則不是孤僻的原因，二則不是遲緩的原因。

過分滿足兒童

有一種說法是因為家庭過分滿足兒童的需要，使他們不用說話已得到想要的東西（圖7），因而導致語言遲緩。

答：這個說法忽略了語言的真諦，人類溝通不單只為吃、為喝，還有從社交互動得到的滿足。因此，語言問題是比不用說話便已拿到想要的東西更為複雜。

圖7：父母過分滿足孩子

言語治療研究方向

語言障礙的原因對於言語治療，當然是一個重要的題目。以上探討過的家長疑惑都不是主要原因，那麼言語治療研究到底得出什麼結果呢？

遺傳是其中一個最先想到的原因，因為語障兒童的家族成員，有語言障礙的機會率比沒有家族歷史的高。但這只是機會比較大，並非一定會出現，很多語障個案也沒有家族歷史的。

聽覺傳送缺陷是另一個熱門的研究方向，因為説話可以想像成一連串聲音組合。學者發現語障兒童接收這些快速音調不如其他兒童。因此，他們認為快速聽覺傳送缺陷，是兒童語障原因。不過，他們卻不能證明訓練快速聽覺接收可以提升語言能力。

認知缺陷是一個將原因轉移到非語言因素的方向。研究發現語障兒童在某些認知項目的表現不如其他兒童。這些項目包括：抽象符號概念、腦海畫面想像、倫理、計劃、假設。但問題也是訓練這些認知能力未能穩定地提升語言能力。

先天語言習得機器問題是在沒有確切原因下，有些學者概括地説語障是「先天語言習得機器」出現問題。不過這個説法有點籠統，因為「先天語言習得機器」其實也沒有實際解釋是什麼。

缺乏溝通動機是另一個沒有確實原因的説法。不過，繼這個問題後，我們還會有下一個問題，就是什麼導致缺乏溝通動機？有些人以「自閉症」作為答案。我不同意，因為「自閉症」是一個症狀。臨床上，很多自閉症兒童也是有溝通動機的。

結論

到現在，雖然我們可以找到一些語障兒童的弱項，但語言障礙仍然是「沒有確實原因」。

第四節 言語治療與腦袋

當兒童語言發展及障礙研究致力於了解發展理論和障礙原因之時，言語治療研究也正著力“偵查”腦袋與語言的關係。以往資料主要來自腦意外病例。時至今日，腦研究的技術進步，我們更可以通過觀察健康腦袋運作，增加我們的認識。相信讀者都會聽聞過「腦袋語言區」，現在讓我們一同探討語言和腦袋的關係。

先向讀者簡述一下腦袋，然後再探討語言研究的結果。

腦袋的構造

腦袋位於顱腔內，包括大腦、間腦、腦幹和小腦（圖8）。

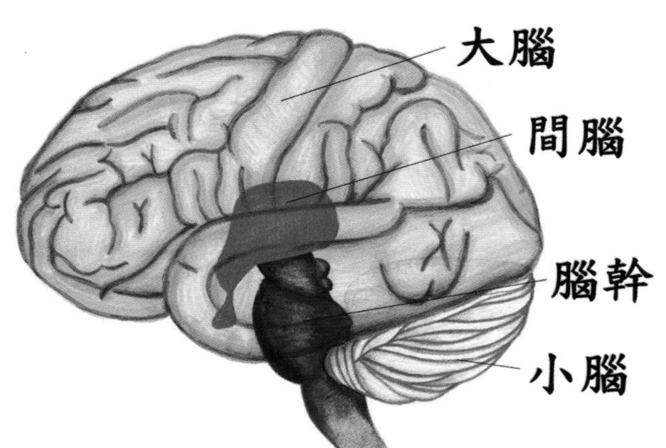

圖8：腦袋的結構

大腦也分為左、右半球。半球之間的結構叫胼胝體。每一個腦半球分為四個葉區：額葉、頂葉、顳葉和枕葉。額葉主要負責認知思考和決策；頂葉主要負責運動感覺和體感功能；顳葉負責聽覺；枕葉負責視覺。

每個半球也可以用功能分區，稱為布羅德曼分區，共52區（圖9）。

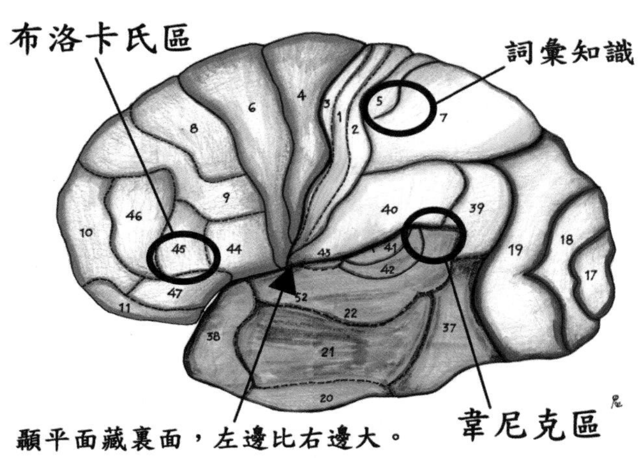

圖9： 布羅德曼分區：語言區

腦袋語言區

重要語言區在左腦

學術上，我們稱這個情況為「**左腦優勢**」，就是指左側大腦半球在語言功能上佔優勢。因此，對於右手為主的人而言，倘若左腦受傷，會出現嚴重的語言障礙。

布洛卡氏區和韋尼克區

從觀察腦受傷病人的表現，發現這兩個區受傷會造成嚴重語言障礙，所以它們一直被認為是腦袋「語言區」。

布洛卡氏區（圖9），根據布羅德曼分區，是第44、45區，是運動語言區。此區若受損，病人會出現「運動失語症」。這個症狀的命名是因為病人在説話時會出現發音器官運動困難，不能控制肌肉協調，以至話語斷斷續續，沒有完整句子。相比之下，這些病人的理解比説話運作好。在他們説話裡，多只保留內容詞彙（如：名稱、動作），而欠缺組句的功能詞彙（如：既、因為、同埋）。説出來的話斷續而沒有抑揚頓挫，因此，音韻也同時受挫。

與此區的受損表徵截然不同的是布羅德曼第22區的韋尼克區（圖9）；也就是「語言理解區」。此區位於大腦感覺皮層。因此，若受損，會影響語言接收，削弱語言理解能力，出現「感覺性失語症」。病人的説話內容混亂，缺乏意思。對話時，他們很想有對答反應，卻是答非所問。

顳平面

顳平面是位於顳葉上方的位置（圖9），在腦顯影發現左半球的結構比右半球大，加上左腦優勢的關係，顳平面因而被視為是語言功能的相關區域。

右腦作用

雖然不及左腦在一般語言運動和理解起的作用那麼大，但若右腦受損，也會造成與社交有關的語言困難。這些病人會產生語氣、情緒、幽默、諷刺等能力理解缺陷。因此，右腦被認為擁有社交語言的功能。

大腦廣泛位置

大腦廣泛位置也原來在語言運作功能上起不同作用。這些位置如：額葉、顳葉、枕葉都牽涉詞彙知識的儲存（Bookheimer, 2002)；體感聯合皮層（BA 5, 7）以及運動皮層都涉及說話活動（Bear, Connors & Paradiso, 2001）；額葉掌管心智解讀功能影響語用能力（Pence & Justice, 2008）。

語言在大腦的傳送路線

經過上面的探討，讀者就會發覺原來大腦的語言區頗為廣泛。其實，這個結論並不新奇。讓我們試想一下，語言概念是林林總總，當中既有名稱、動作、更有的是抽象概念詞語（無聊、無奈…），這些詞彙都是一些經歷的結果。這些經歷的演繹、儲存當然也是腦袋不同部分的工作。即使是一個簡單的語言資訊，它在大腦的傳送路線除了牽涉我們公認的傳統語言區，還有我們不以為意的非語言區。

當我們聽到一個語言信息，首先是聽覺皮層接收聽覺信息，再傳到韋尼克語言理解區。此時，弓狀神經束將理解信息，再集合視、聽、體感皮層的資料，一併送到運動語言區。與此同時，前額葉做出決定，讓運動語言區將語言信息傳送出去。圖10顯示語言傳送的重要區域和路線。

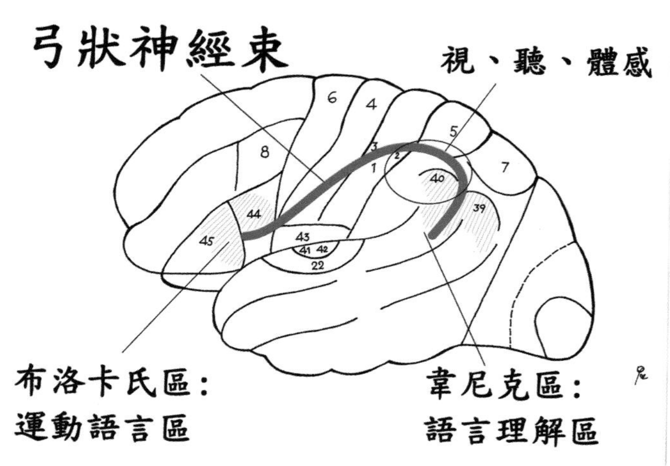

圖10：語言傳送的重要區域和路線

1、2和3區：體感皮層（習慣上常稱為3、1和2區）
4區：初級運動皮層；5區：體感聯合皮層；6區：前運動皮層
7區：體感聯合皮層；8區：額葉眼動區
22區：上顳回，其中部分為韋尼克區
39區：角回，其中部分為韋尼克區；40區：緣上回，其中部分為韋尼克區
41、42區：初級聽皮層和聽覺聯合皮層；43區：中央下區
44區：島蓋部，布洛卡氏區的一部分；45區：三角部，布洛卡氏區的一部分

兒童言語治療：尚未開發的領域

雖然言語治療有頗為完善的評估和治療指引，但無論在臨床或理論裡，言語治療仍有未開發的領域。

腦袋研究的運用

言語治療多年研究的腦袋語言區、語言傳送路線等，雖然可增進我們對腦袋和語言關係的認識，但在兒童治療語言上，還未完全應用。

兒童語言障礙的原因

言語治療文獻裡，除了明顯的原因如：器官、腦意外、環境外，兒童語言障礙仍沒有確定的原因。

如何提升信息傳送

讓語言刺激順利傳送到兒童腦袋

在言語治療課，治療師以語言刺激帶領兒童。不過，兒童有時會有別的行為，例：沉醉在自我世界、眼睛飄忽沒有注意到活動、坐不定等；不能接收到治療師的話語。治療師也唯有重複指示、利用獎勵來提升兒童的專注。即使這些方法略為改善兒童的參與度，但兒童依然不能注意環境事物，直接影響了應用，效果往往事倍功半。

處理聽覺傳送缺陷

聽覺傳送缺陷，是很多語障兒童都有的困難問題。在生活裡，他們接收不到旁邊人跟他們說的話。因此，說話的人總是要不斷重複、再三呼喚他們。這個問題在臨床上也會出現，影響治療效果是不在話下。雖然，言語治療師也可幫治療對象做辨音訓練，不過效果緩慢，而且正如之前的研究結果，就是辨音進步，不代表語言進步。

讓兒童學習詞彙

所有話語都是詞彙組合，所以兒童的進步與詞彙量提升有關。在第四章兒童發展，我將會討論闡述。詞彙學習是依靠兒童擁有注意環境的能力，有些詞彙，例如：「上下大小前後」是依靠身體建立空間經驗。這些能力都不容易在言語治療中獲得。即使教他們說，兒童也會因為缺乏主觀感覺基礎而很快忘記。

總結本章

★專業就是有理論依據
★專業就是要評估才治療
★專業對障礙是有研究的
★專業就是宏觀角度研討語言
★專業也有未開發的領域

有家長說我在家教不來，所以找治療。那麼，家長是買管教。

有家長說我沒有時間，所以讓他找治療。那麼，家長是買時間。

有家長說我不管治療是幹什麼的，總之叫治療的就沒錯。那麼，家長是買方便。

找專業的家長說：「我聽下、我睇下、我諗下。」

第四章
治言法：一個加強版言語治療的誕生

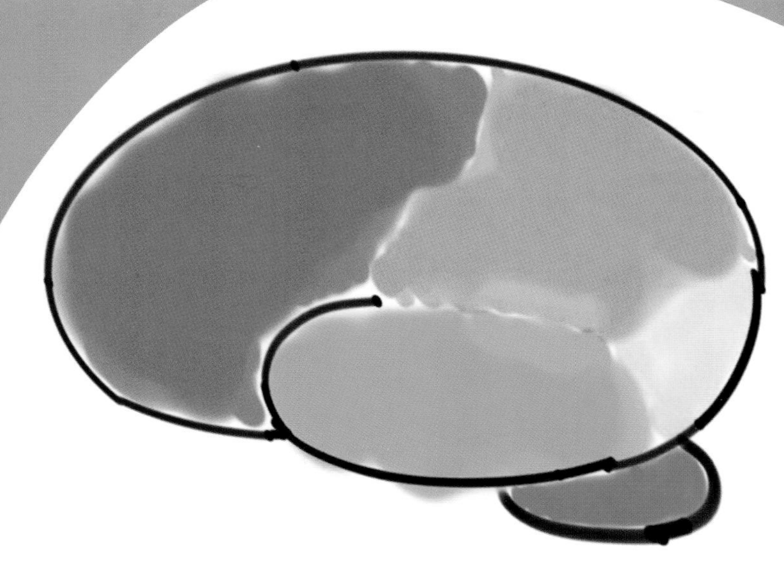

到底為什麼會有兒童語言障礙？這個不單只是言語治療要探究的學術問題，更是普通人百思不得其解的問題。在言語治療文獻沒有給出清晰的原因下，治療師往往給予似是而非的答案，其中一個廣泛地被採用，卻也是最不合理的答案，便是「口肌」運作障礙！原來，語言障礙並不是無跡可尋。首先了解語言和腦袋的關係，再連貫語言發展和各能力領域發展的時序，**從理論、理據了解語言和說話，再以新的角度探討語言障礙及其治療。**

第一節 說話是語言的實際運作

語言是藏於腦袋裡的概念，而説話是語言實際運作上的方式。也就是説，我們是通過説話來表達腦袋裡的語言概念。説話時，不難想像到我們把聽到的話，傳到腦袋；腦袋處理語言，再説出來。但這只代表實際情況的一部分，因為説話時，我們還需要注意對方，保持穩定的身體姿勢，不至於跑離現場，我們同時也知道周圍環境的事物。正如圖1表達的：説話的時候，聆聽者穩定的坐在沙發上，專注對方，理解且回應；她還可以同時注意廚房裡的動靜，觀看窗外下的雨，一眼關七。在這個過程裡，傳送到腦袋的不單只是聲音，也有身體感官接收到的所有信息。

圖1：説話時一眼關七

神經系統：一間公司的運作

請讀者想像一下：我們的生理機能運作，其實就好像一間公司（圖2）。公司的運作是靠中央和各部門的通力合作。中央有主管和副手，主管作決策，經由副手傳遞給部門；部門接收客戶信息，然後把信息上傳給中央，由主管分析，最後再將命令下傳到相關部門執行。一般部門信息都會先傳到中央副手，由他遞交給主管；有些特別部門可以將信息直達主管。要業務蒸蒸日上，中央和各部門固然要各司其職，還要一個完善暢通的聯絡網絡，讓信息、命令有效傳遞。

圖2：神經系統猶如一間公司的運作

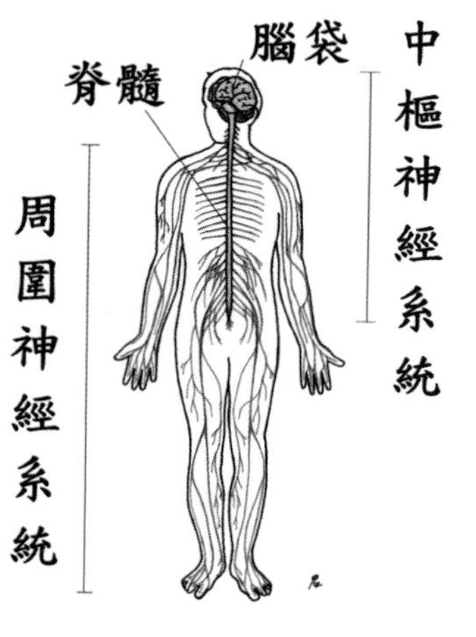

圖3：中樞和周圍神經系統

神經系統就是一所人體公司，中央就是「中樞神經系統」，包括主管和副手，也就是腦袋和脊髓；腦袋負責分析和作決策，脊髓是信息往返腦袋和器官的通道。中央和周圍部門的聯絡網絡就是「周圍神經系統」，也就是神經線，負責連繫中央和部門，或中樞和器官（圖3）。這些神經線，可分為感覺神經，負責輸送感覺信息到腦袋，以及運動神經負責輸送腦袋發出來的運動指令到器官（圖4）。

因此，神經系統簡單來説是「中樞神經系統」和「周圍神經系統」加起來的名稱；而在神經系統裡，信息之所以能傳送全靠神經細胞，名為「神經元」。

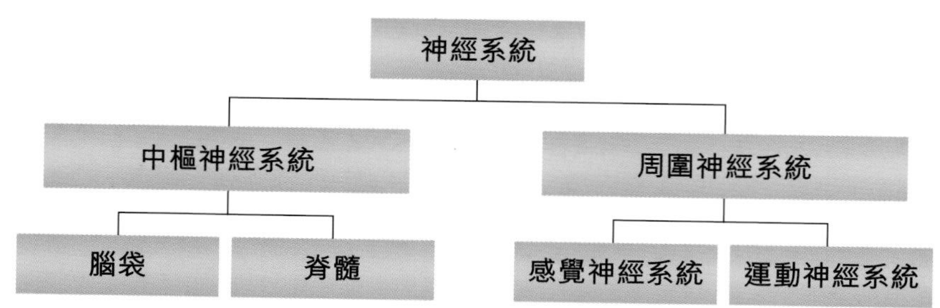

圖4：神經系統結構圖

神經細胞：神經元

神經元是由「細胞體」、軸突和樹突構成。軸突負責傳遞神經信息，樹突接受另一個神經元傳來的信息，再傳至細胞體。每個神經元只發出一條軸突但有多條樹突。人類的神經信息傳送十分快捷，是由於軸突在結構上是一節一節的形狀，形成「跳躍式的傳導」，增加傳導的速度（圖5）。

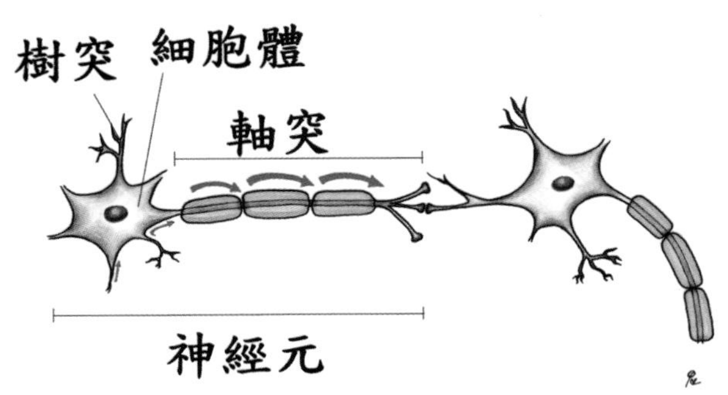

圖5：神經元

聽覺和發聲/發音器官

信息能夠被接收到，並且執行，在公司結構，靠的是一些部門。在人體來講，接收話語信息的是聽覺器官，説出來的是發聲/發音器官。

聽覺器官：耳朵

耳朵是人體的聽覺器官，從結構而言，分為三部分：外耳、中耳、內耳。外耳負責接收外界的聲音，聲音循著耳道傳至鼓膜，引起震動。鼓膜的震動再傳至中耳，引致三個小聽骨相繼震盪，再傳到內耳。內耳是一個充滿液體的複雜結構。這個結構的一端是耳蝸，另一端是前庭工具（圖6）。對於聲音而言，耳蝸是目標結構；聲音震盪傳到內耳的耳蝸，引起液體震盪。最後轉化為神經信號，經由第八腦神經，傳送到腦袋。

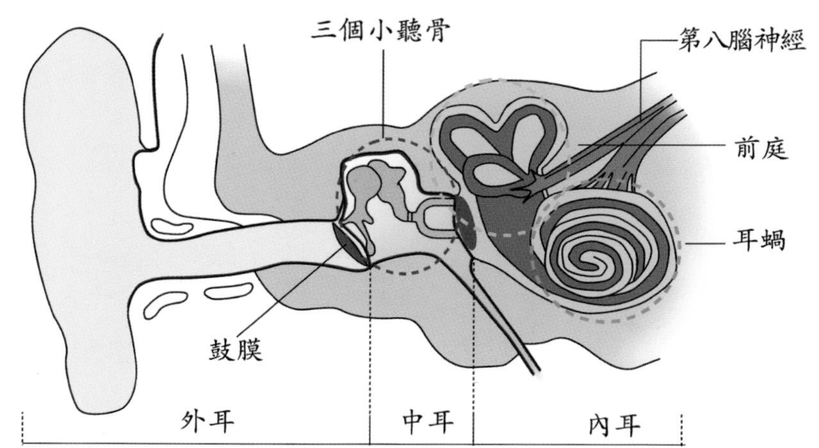

圖6： 聽覺及前庭器官

張婷婷

發聲及發音器官

發聲器官包括肺、喉頭和裡面的聲帶。當我們決定要説話，呼吸氣流流出速度減慢；氣流從肺部通過氣管，到達喉頭，引起聲帶震動，產生聲音，也就是發聲（圖7）。但這些聲音尚未能成為我們明白的發音。發音就是當發出來的聲音氣流繼續往上流出，經過咽喉，流出到口腔、鼻腔，成為「元音」；倘若氣流因器官，如：唇、舌、顎、牙關、牙齒（圖8）而受阻，便會形成不同的輔音。

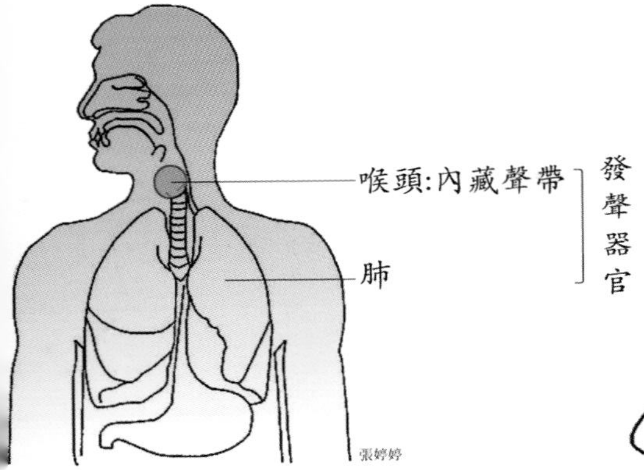

圖7：發聲器官

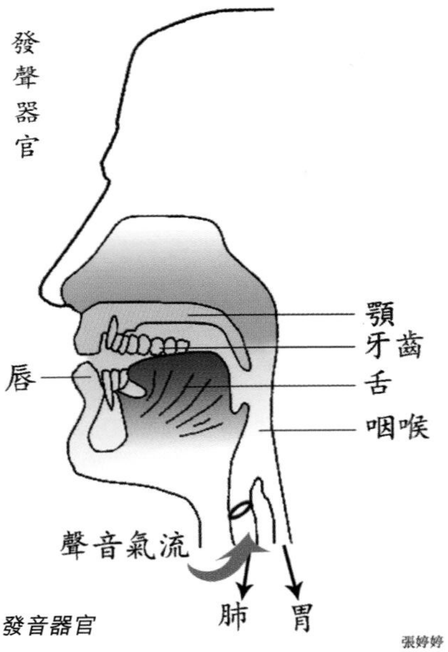

圖8：發音器官

 身體信息接收器官深藏體內

正如一所公司的運作，不是所有部門都是對外的，也有一些內部運作的部門。人體亦如是，身體信息接收器官深藏體內。也由於它們不像耳朵、嘴巴等可以在外面看到，往往為人所忽略。原來，我們說話時，它們也在默默工作，讓我們可以專注對方，穩定聆聽，同時察看環境。

軀體感覺工具給予身體感覺，保持穩定姿勢

軀體感覺分為本體感和皮膚感覺（圖9）。本體感是讓我們感受身體的動作、位置等，是一種內在感覺。不管我們是在運動或靜

止狀態，都有這種感覺。本體感的感受藏於肌肉、腱、韌帶以及關節裡。我們能夠站著聽對方說話，是靠本體感讓我們的身體、雙腳不停傳送信息，維持站立不動的張力。

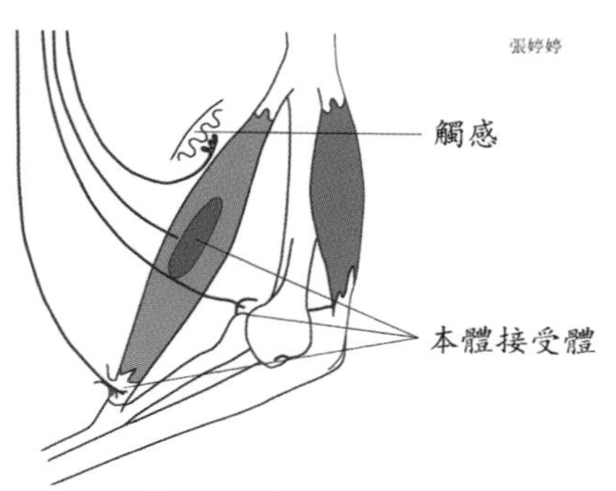

圖9：本體接受體及觸感接受體

軀體感覺也來自皮膚的感覺接受細胞。這些細胞其實接收很多不同的感覺包括：疼痛、溫度、牽扯、震盪、壓感以及觸感。在維持姿勢上，觸感扮演著重要的角色。它給予我們身體知覺，讓我們得到實在的存在感。其實，兒童玩玩具時，也是用觸感去抓握物件，得到快感。說話時，觸感與本體合作給我們軀體感覺，以及維持姿勢所需的張力，讓我們站穩。

前庭工具給予身體方向感和維持目光接觸

前庭工具，跟耳蝸一樣，位於內耳。從圖10可見，前庭是由三個半規管和耳石組成。這些結構裡面是液體，因而會根據我們身體移動，改變位置時流動。前庭負責感受頭和身體的相應角度、速度、方向。這些感覺讓我們知道自己是直立還是傾斜，讓我們閉上眼睛也知道車在行駛還是停止，讓我們感覺轉動的方向。由於這些功能，當我們失去平衡時，這些身體方向改

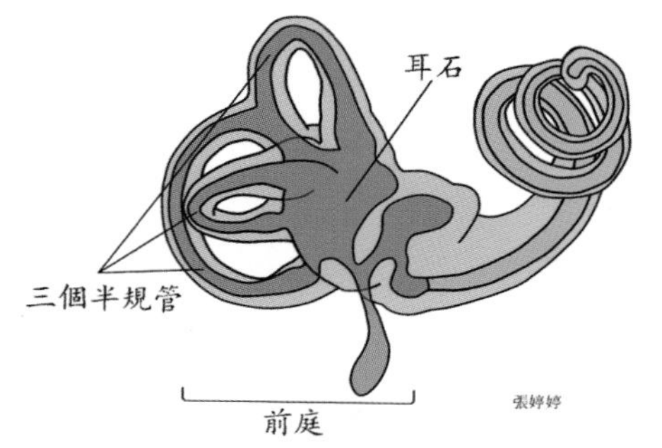

圖10： 前庭

動的信息會立即通知本體感覺，讓我們恢復平衡。若前庭工具運作出了問題，或是我們一般說的耳水不平衡，我們便容易失平衡，或有其他不適反應。前庭還有一個很重要的功能，就是它跟眼神經的合作關係，讓我們在頭轉動時，眼睛會反射性地維持穩定視野狀態。這個也是一般所說的目光接觸（圖11）。

圖11：動眼反射

相信讀者現在更明白到說話不單只是耳朵、嘴巴的工作，也有身體其他接收工具的配合。圖12表達了這個說話和神經傳送的過程。

器官接收聲音和身體信息

維持姿勢：感覺接收工具

腦袋

說話和穩定姿勢

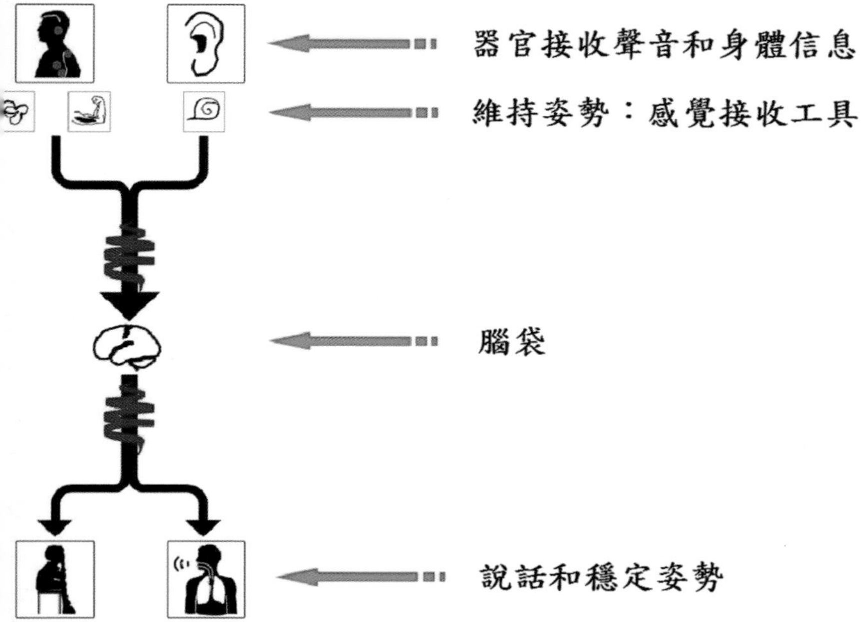

圖12：說話和神經傳送的過程

第三節 認知/運動/社交發展里程

神經傳送影響説話，你覺得它會影響其他能力，如運動、社交、認知嗎？觀乎語言發展：由少到多、由簡單到複雜、由自我到群體、由依靠到自主。看來是理所當然的，因為人類的發展根本就是循著這個定律進行。讓我們探討一下認知、運動、社交這幾個領域的發展，領略一下箇中道理。

認知發展：從沒有概念到理性思考

瑞士兒童心理學家皮亞傑於1952年提出認知發展論。根據這個理論，人類具有適應環境的本能。人類從嬰兒開始，便主動去理解他所處的環境；通過探索、操作去審查這個世界的人和事物。語言獲得是認知發展的一部分。這個理論有幾個重要的概念：「圖式」、「同化」、「適應」和「平衡」。以下例子闡述這幾個概念。

嬰兒出生初期，對事物未有概念。他們利用與生俱來的感覺、運動能力，沒有規則地跟環境互動。在動作不斷重複下，嬰兒漸漸發現其中的規律。這個規律形成一個內在的腦海計劃，稱為「圖式」。嬰兒按照「圖式」，在特定的環境，以特定的步驟去運作，最後成為概念。

例：嬰兒躺在床上，手在無意撥弄時，意外地碰到掛在床上的旋轉床鈴，產生聲音。當他重複撥弄手時，又偶爾碰到床鈴，產生聲音。如是者，他每次提手撥弄床鈴時，都產生聲音。漸漸地，他「知道」只要他撥弄床鈴，就會有聲音。

這時，媽媽換了一個新玩具在嬰兒床。嬰兒用舊有的圖式去撥弄新玩具，但這一次沒有聲音，卻是發光。他又重複撥弄新玩具，依然沒有聲音，卻是發光。這時，嬰兒需要「適應」這個新現象。他怎麼做呢？嬰兒首先「同化」舊有的圖式（產生聲音）與新經驗（發光）；兩者都是撥弄玩具產生的後果；再「適應」為撥弄玩具可以發光，因而，取得「平衡」。就這樣地，嬰兒逐漸獲得概念。

皮亞傑將認知發展分為4個階段，分別是：0-2歲的感覺運動期，2-7歲的前運思期，7-11歲的具體運思期，11-16歲的形式運思期。第一個時期就是幼兒通過感覺運動經驗去建立所有的發展概念，包括語言，到最後他們可以假設去思考問題，並將結果推理到其他類似情況。這樣地，人類從沒有概念發展到理性思考。

運動發展：從完全依靠到獨立自理

運動能力，在認知發展上，尤其首兩年，起了重要的作用，這個在前章已解釋清楚。不過，當我們觀察嬰兒的運動發展，會發現這個過程更展現了神經和身體結構的成熟方向，是按著一個規律：從頭頸開始，往下移至軀幹、手腳；從中間軀幹至末端四肢。表1及圖13以幾個運動範疇：頭頸控制 、軀幹控制 、移動能力、手眼協調的發展來標示這個過程。

頭頸控制：嬰兒的運動發展首先從頭頸開始，到五個月時，嬰兒可以在仰臥時抬頭。這個突破，讓嬰兒可以通過頭轉動觀察四周。

軀幹控制：嬰兒由躺下，以至站立，接收更多外界事物。

移動能力：從不能移動，到走路跑步。

手眼協調能力：從不能控制抓握，至握放自如；從抓握物件，至執筆畫畫、寫字。

圖13：運動發展

表1：運動發展：頭頸控制 、軀幹控制 、移動能力、手眼協調

頭頸控制	軀幹控制	移動能力	手眼協調
出生時：未能控制頭部活動	幼兒嘗試控制軀幹	幼兒嘗試移動身體	幼兒嘗試協調，但未能控制
5個月：仰臥時抬頭			
繼續發展，幼兒開始軀體的控制	6個月：手支撐地坐著	6個月：手拖著身體前進	6個月：手橫伸到物件並壓在物件上，手指環繞物件並向掌心處按壓
	11個月：扶著物件站起	9個月：手掌膝蓋著地爬行	
	繼續發展，幼兒開始移動	12個月：不用扶住物件走路	13個月：抓握物件
		20個月：跑步	
		24個月：上樓梯，下樓梯	24個月：拳頭握筆，畫直線
			36個月：畫人
		41-42個月：跑步，兩手前後擺動	41-42個月：拇指食指握筆，其餘手指向掌心收起，畫畫時手腕不移動
		繼續發展，兒童可參與更多桌上活動	50個月：成熟握筆姿勢，寫字

資料來源：Payne & Isaacs (1991), Folio & Fewell (2000)

社交發展：從自我中心到解讀對方

人類是生活在群體裡，溝通既是生存，也是社交。表2及圖14簡單記載我們的溝通發展里程：從自身與照顧者的關係到其他兒童，再到群體；從自我到解讀對方。

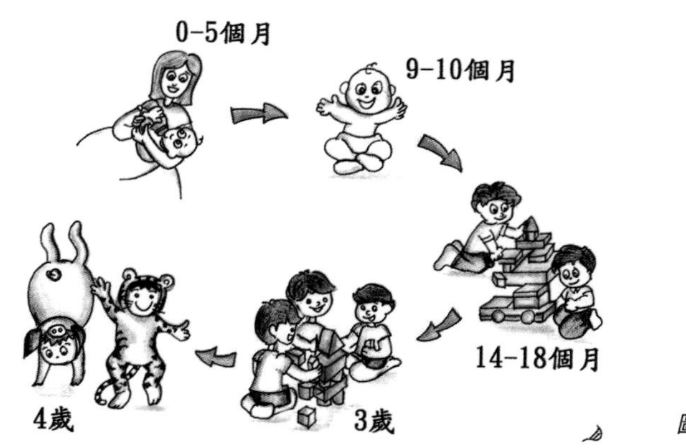

圖14：社交發展

不同領域的發展環環相扣

人類從未開始説話到準備入學的幾年間（即感覺運動期、前運思期)，不同領域的發展同時進行，且按著由簡單至複雜的進程發展的。我們將它們綜合起來，就會發現不同領域發展是環環相扣。這個密切關係是定律，也是人類的智慧。

表2：幼兒的社交溝通發展里程

大約年齡	社交溝通
1個月	嬰兒會尋找成人的臉孔和聲音
3個月	發聲回應成人的發聲
6個月	對自己名字有反應
7個月	對熟悉的人有不同反應，媽媽在旁時會安心地玩；不在時，會玩一會，停手，好像等待媽媽回來。
9-10個月	會揮手拜拜。媽媽説話時，幼兒會定神看著媽媽，媽媽也會因應嬰兒的反應，給予意思，並調校説話。
8-12個月	- 以動作向著照顧者表達想要的東西 - 主觀自我
12-18個月	語言出現：以語言向成人表達
14-18個月	- 幼兒也會站著凝望別人玩。 - 平衡遊戲：兒童和旁邊的另一個孩子，各自各地玩自己的遊戲。
18個月	- 聯合遊戲：幼兒玩自己的遊戲，但會走近旁邊的兒童，與他追逐，再回去玩自己的遊戲。 - 物件自我（自我覺察）
3歲	合作遊戲：與其他孩子向著同一個目標玩（與其他兒童建立社交關係）
4歲	- 心智解讀 - 角色扮演

資料來源：Bee & Boyd (2003), Bullowa (1970a)

0–3個月

新生兒依靠原始的方式：哭、笑、反射動作，讓他們解除不適、取得所需的東西（餵食)，得以生存，建立安全情緒。他的發展首先從自身開始，建立頭、頸、軀幹控制，並通過連串的感覺運動（先以反射，再以沒有規律的動作）循環反應，建立概念。

4–8個月

幼兒的專注慢慢地從自身轉到外界。頭頸控制提升，他可以俯臥、仰臥抬頭，擴闊視野；軀體控制提升，可以從躺下到坐起來；四肢的控制增加，在視覺的配合下，伸手抓東西，建立物件概念；在照顧者的語言刺激下，知道物件有名稱，自己有名字；一連串的感覺運動循環，學會以手段達到後果。

8-12個月

幼兒從爬行到站立和走路，讓他移動到不同位置，探索空間。他建立物件概念之時，也漸漸知道物件即使不在眼前，也仍然存在，繼而建立物件永恆概念。他以自己身體引起反應，發現自己的存在，建立「主觀自我」。他自發聲音增加，出現了聽起來像成人說話語調的牙牙學語。這時候，照顧者將他的聲音、身體動作，加上意思，成為身體語言；也讓他在特定的環境下，明白聲音意思，開始理解語言。

1歲

幼兒可以站起來，甚或笨拙地走幾步，讓他得到更大的移動空間，接觸更廣泛的實物；同時，他抓握東西時不再依靠視覺去帶領，而是以身體觸感把弄玩具，建立更多概念，行事有目的，並通過身體語言去表達意願。這時，他不用依靠環境的提示，也可以找到成人說的東西，真正的語言理解出現。

13-18個月

幼兒的軀體能力提升，他可以握放自如去把弄東西，讓他更有效地按照意願去玩玩具，建立概念，讓語言理解快速增長。他開始走路，讓他向著腦海裡想去的地方邁步。他不再是互動的被動者，他可以主動走到照顧者，走到其他幼兒附近作平衡遊戲。不單如此，他更漸漸地發現想要的東西可以藏於腦海裡，發出一個代替這個東西的聲音，便可得到它，有些幼兒在這個時候開始說第一個詞。

18–24個月

幼兒可以雙腳跳、橫行、跑步，空間不斷擴張。這讓他的單詞，到後期的詞彙組合，不單只是一些接觸到的物件，更有身體經歷到的動作（跳）、空間（呢度、嗰度）。說話的不斷增加，讓他知道所有東西都有它的名稱，而他自己也是東西裡的一個，有名字。這個客觀的自我覺察，便是「客觀自我」。

2歲

幼兒可以雙腳跳以及橫行，給予他前後左右空間感覺。身體空間提升，同時推進腦海空間提升，建立符號理解。他以積木代替電話，他說出來的話不一定代表現場眼睛可見到的，可以是之前見過的，或是一會想要的。

2–3歲

幼兒意識到詞彙只是一些代表任何事物的符號，這些符號可以任意組合，表達無盡的意思，這就是「真正語言」。「真正語言」也意味著說話內容不一定在現場、詞彙以驚人速度的增長，幼兒學曉利用問題來讓自己學會新詞彙。這樣地，他的詞彙由幾十個增加到後期的幾百個。與此同時，他身體能夠以連串動作、上下、前後、左右的移動。同時建立程序感、空間感，詞彙也由之前的以名稱動作為主，發展到時間、空間詞的出現。他仍然專注於表達自己、自我中心，成人在對話時需配合幼兒，以維持對話。

3歲

主動賓句子出現，兒童開始上幼兒園，與其他環境裡的人玩合作遊戲。

3-4歲

這個時候一般孩子進幼稚園，開始群體互動的時期。孩子左右腦功能提升，這可從身體的雙側運動能力中看到：跑的時候兩手左右擺動，操作的時候兩手合作自如。孩子做事更為順暢，也有了步驟程序。同樣的，説話時詞彙組織越見程序，而且程序對增長了的話語，也有越來越大的影響（比較「貓捉大魚」、「大貓捉魚」）。孩子學習這些語法規矩，從主動賓簡單句式，到複雜句式。這使他的語言較為豐富和有條理，溝通得更好，也帶領思考，去解決問題。

4歲

語法完成，兒童能以不同複雜程度的語句表達過去未來的事情。他的身體在舉手扔球時，軀幹一併旋轉，可兼顧的角度更趨立體。不只是身體角度，看事物的角度也開始解讀對方；對話時，不再只顧著説自己的題目，會等待對方回應。思考、語言、運動互相配合下，他正式握筆，迎接更具思考的學術挑戰。

4–5歲

語言內化，代表兒童開始可以安靜地思考問題。他解讀對方，以別人的角度參與角色扮演遊戲。在幼兒園，他握筆塗顏色、開始寫字，且認識口語以外的書寫語言——文字。身體從肢體協調，到精細的手眼協調活動，如畫畫、寫字、剪紙等。兒童的生活運作是運動、語言、思考、社交的結合。

5-7歲

兒童踏入思考學術期。他的身體運動已讓他書寫、語言，以表達內心思想、思考，以及挑戰新的書本知識。

綜合上述，我們看到，人類各個領域的發展是互相關連，更重要的是語言在各領域的互相協調作用下，逐步展開。各個領域有自己的發展里程，不同領域的發展也有一個大約時序：情緒、運動、語言、邏輯思考、學術。這個巧妙的發展關係都是基於一個前提：「在已有的生理條件下」，並且是【在正常運作】的條件下。

表3為語言、運動、認知思考、社交綜合表，圖15標示這幾個領域環環相扣的關係。

圖15： 各個領域能力環環相扣，相互影響

表3：語言、運動、認知思考、社交溝通綜合表

	語言	運動	認知思考	社交溝通
0-4個月	沒有語言	- 俯臥時抬頭 - 翻身 - 視覺協調伸手接觸東西	反射：三個月後很多會消失	對人的聲音、樣子有興趣
4-8個月	- 知道自己的名字 - 有「咕咕」聲音	- 仰臥抬頭 - 伸手抓住東西 - 從躺到坐	- 從專注自身轉移到外界 - 連繫手段和反應	
8-12個月	- 知道東西有名稱 - 好像説話語調的牙牙學語 - 環境理解	- 伸手與抓握分開 - 手抓握時開始控制力度 - 抓握因應重量來調節力度 - 從爬至走路	- 物件概念建立期 - 物件永恆概念 - 主觀自我(自我存在)	- 對熟悉的人有不同反應 - 照顧者將幼兒的聲音、動作加上意思
12個月	真正理解	- 正式抓握出現 - 走路	- 以手段達到目的 - 物件概念	身體語言/用手勢表示意思
13-18個月	- 第一個詞出現 - 單詞句 - 語言理解爆發期 - 詞彙學習（環境明顯提示）	- 握物時可放手 - 手抓握物件前估計力度 - 爬上樓梯 - 向後行 - 手臂伸展扔球 - 握筆：倒插式塗鴉	- 實驗者：以新手段去把弄物件	平衡遊戲
18-24個月	- 詞彙爆發期 - 詞彙學習(社交提示)	- 前後移動 - 跑步速度增加	客觀自我（自我覺察）	聯合遊戲
2歲	-最少50個詞 -雙詞組合	-雙腳跳 -橫行	-感覺運動期完成 -符號概念	可有兩個交替對話，但不看對方有沒有看自己
2-3歲	- 組合轉變為主動賓句子 -「乜嘢」問題 - 説當下事情	- 走直線，跳過矮欄 - 上下樓梯 - 握筆：以拳頭執筆，畫由上至下直線，橫線 - 疊高積木	- 前運思期開始 - 語言和符號快速發展 - 自我中心 - 看事物的觀點仍是單向 - 物件人物化：花低頭=唔開心 - 直接推理：唔食魚就唔識得游水	- 對話時，不看對方有沒有看自己 - 對話不是資料搜集，所以會説一些對方已知道的事 - 會因應對方而調節語氣

3歲	- 簡單句子 - 語法開始 - 代名詞：我、你	畫人	合作遊戲	可以延續兩次交替對話，但沒有看對方有沒有看自己
3-4歲	- 從簡單主動賓句子到複合句式 - 敘述事件以「跟住」、「然後」聯繫 - 說過去未來事情 - 說話因果邏輯開始 -「點解」問題	- 跑步，兩手前後擺動 - 舉手及身體旋轉扔球 - 握筆寫字時手和手臂同步移動	- 前運思期 - 語言帶思考 - 合作遊戲	- 仍多說自己的話題，而不理會對方有否聆聽 - 對話時，重複部分成人的話語，所以比較容易讓對方明白他的意思 - 常打斷別人的話
4歲	- 複合句式 - 成人語法	- 正式握筆 - 身體前後上下左右旋轉 - 舉手及身體旋轉扔球	心智解讀	對話時，等待對方回應
4-5歲	敘述事件有程序，但未清晰時間束縛關係	- 手眼協調：畫圖形、連線 - 開始寫字	- 閱讀（幼兒園中班） - 戲劇扮演 - 語言開始內化	- 能與成人交談，語言作社交工具 - 給機會對方說話
5-7歲	- 敘述事件有時間束縛和因果束縛 - 敘述中有主角，並圍繞主角去描述 - 講故事：開始、結局、場景、情節發展、主角	- 蹦跳（如跳舞） - A4大小紙對摺兩次 - 跟線剪紙 - 寫字（K3）	- 前運思期的最後階段 - 還未出現多於一個觀點 - 簡單閱讀理解	- 能與成人交談：語言作為學習工具 - 對方不同意時，繼續解釋

第四節

「治言法」的產生

前三章歸納

從語言理論到言語治療

語言理論讓我們知道語言的特性，治療語言不只是治療師說一句、兒童跟一句這種簡單、機械式的方法。倘若如此，跟鸚鵡學舌又有何異？真正的語言治療是讓兒童獲得具有或符合語言特性的語言；語言理論不僅是書上的東西，是“活”在臨床上；語言分析不僅是語言學的科目，更是實際治療的目標；語言里程不僅是參考的資料，更是治療內容的設計依據。

從言語治療到說話神經傳送

語言的實際功能是說話，而說話需要正常的神經傳送系統。因此，有效的言語治療必須同時考慮兒童神經傳送能力。

從了解言語治療未開發的領域到新方向的產生

成功的言語治療需要兒童神經傳送信息配合，但神經傳送治療不在言語治療方法內。因此，我們有待新的治療方向。

重溫理論到「治言法」的誕生

在言語治療的文獻裡，有關語言障礙產生原因的研究，至今仍未達成共識。儘管如此，言語治療師儘量會利用語言知識及治療技巧，協助語言障礙兒童改善語言。從前章「未開發的領域」中可見，目前的治療，仍有些地方尚待開發。

讓我們重溫已掌握的知識：

語言是人類獨有的，語障的出現有違正常的語言發展條件

首先，語言是人類獨有的，在正常情況下，語言發展是理所當然的。語障的出現，也就是說有違正常的語言發展條件。觀乎語言條件：語言環境、教養方式、感覺運動、腦袋。這些條件的不足

會影響到語言發展，這是不爭的事實。不過，非腦意外、非語言環境、非教養方式缺陷的語障，才是研究者最費解和疑惑的，也是所謂「沒有確實原因」所指。

感覺運動，在語障裡"角色"不清晰

最後，剩下感覺運動，雖然，它在語言發展扮演着重要的角色，但在語障裡所扮演的"角色"，卻仍不太清晰。

説話過程順利有賴神經傳送

在實際的言語治療中，儘管治療師利用語言刺激帶領兒童，但也未必能充分發揮效果。因為治療語言，實際上是治療説話。要讓説話過程進行順利，有效的「神經傳送」能力是非常重要。相反，「神經傳送」受阻，肯定影響説話接收。就治療而言，受阻會影響語言刺激進入兒童腦袋。就生活而言，倘若受阻不是一次性，並且發生在一個語言尚未完全建立的腦袋，那麼，語言建立障礙，便是不言而喻的結果。

「神經傳送」缺陷，來解釋語障合乎情理

縱觀前章所敘述的語障原因及研究結果，以「神經傳送」缺陷來解釋遺傳、聲音傳送，或廣泛性腦功能認知調查發現，它們之間並沒有抵觸。因此，以「神經傳送」缺陷作為解釋語障其中的原因是合乎情理的。

「神經傳送」與言語治療的原始理論互相呼應

「神經傳送」就是感覺神經接收信息以及運動神經執行指令，正好對應了語言條件中感覺運動一項；也對應了言語治療多年來研究的，語言和腦袋的關係；遺憾的是目前言語治療所沿用的方法中，還未能開發到神經傳送。

這時候，我們需要一個更有力的、“加強版”言語治療——腦運動言語治療。我將這個治療法稱之為「治言法」。

總結本章：

★說話是語言的實際運作

★說話時，身體和說話器官同時工作

★語言和其他領域能力擁有相互影響的關係，在治療路上一同開展

★「治言法」的產生，合情合理

「不斷尋找更好的」是治療師的任務

第五章

治言法：腦運動言語治療

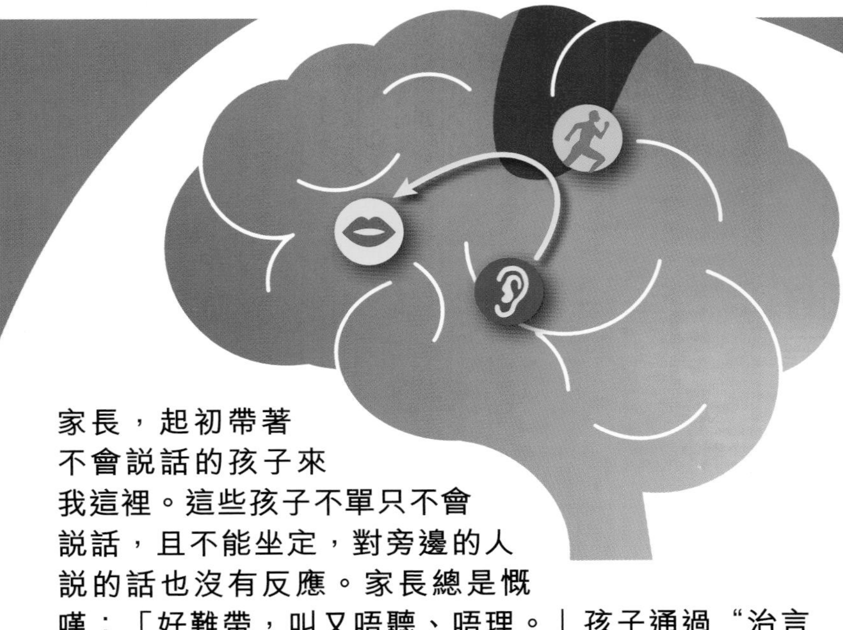

家長，起初帶著不會說話的孩子來我這裡。這些孩子不單只不會說話，且不能坐定，對旁邊的人說的話也沒有反應。家長總是慨嘆：「好難帶，叫又唔聽、唔理。」孩子通過“治言法”治療後，可以坐定，也可以接收到父母跟他說的話，並且開始有話“說”。此時，有些家長在看到孩子進步後，就忘記了孩子原來的情況，跟我說：係唔係要減少啲運動，『專門』做語言？」

我的回答是：「我一直以來都係『專門』做言語治療，只不過我俾咗一個『加強版』嘅言語治療你個仔。」

試問：孩子坐不定，怎麼知道誰在跟他說話？孩子若不能把聲音信息傳到腦袋裡，語言又如何建立呢？！

說話，是語言的實際運作，而說話成功與否，與神經傳送有關。再者，宏觀意義上的兒童發展，語言與其他“領域”的發展是環環相扣的。這個時候，我們都要以宏觀的角度去處理語言障礙，我們需要**一個“加強版”的言語治療：【治言法】。**

治言法是言語治療

在引言我再三強調治言法的結果是提升語言，而神經傳送是讓語言刺激可以進入兒童腦袋，加強成效。

治言法的「是」和「不是」

是：“治言法”是腦運動言語治療。言語治療和腦運動治療攜手並進。評估時，治療師同時了解孩子的腦神經接收及語言表現，從而建立統一治療方案。兩者結合的方式就是言語治療可以插入腦運動治療；同樣的，腦運動治療也可插入言語治療，因而產生相輔相成的作用，對治療師和治療對象是一舉兩得。

不是：治言法不是簡單的言語治療+腦運動治療。也不是言語治療和腦運動治療各行其是，而是將兩者結合在一起，靈活地調節與運用。

例如：孩子還未能關注外界，那麼治療的重點是開發腦神經接收，言語治療時間相對較少，隨著孩子的進步，時間分配上會有所調整。這樣，治療對象的時間可以更充分有效地安排，以獲得最佳的治療成效。

神經、語言攜手合作：傳送進步，仍須治療語言

神經傳送障礙固然影響語言信息接收（如表1所闡述），但神經系統運作進步了，治療對象也很難在沒有輔助的情況下，自然而然地追回同齡孩子的語言能力。這是因為他們的語言發展已經落後於同齡，即使他們重新獲得正常接收信息的能力，也仍需要言語治療，來協助他們以較快的速度追回語言發展的落後部分。總而言之，只要他們能正常接收信息，治療師的治療才可以變得更為有效。

表1：「治言法」解決説話與神經傳送的障礙環節

説話過程	一般情況	障礙情況	目前治療 (未解決的問題)	治言法	
耳朵 其他身體感覺器官（身體接收工具）	器官接收：語言和身體信息		器官接收：語言刺激和身體信息		
↘ ↙ ⬇	傳送和信息整合	傳送障礙：信息未能整合	傳送但信息(語言刺激信息)未能整合	腦運動：提升傳送，語言刺激信息和身體信息得以整合	腦運動言語治療
腦袋	處理語言	處理偏差的語言信息	言語治療：處理偏差的語言刺激信息	言語治療	
⬇ ↙ ↘	傳送腦袋指令	傳送障礙：指令不能順利傳送	傳送障礙：指令不能順利傳送	腦運動：提升傳送，指令順利傳送	
發聲/發音器官 身體運動反應	器官反應	偏差的器官反應	偏差成效的器官反應	有效的器官反應	

表1內容解說

*一般情況：*耳朵接收語言信息，途中與身體感覺信息，一同傳到腦袋，腦袋傳達信息給運動神經，身體和發音/發聲器官作出合適反應。

*障礙情況：*語言和身體信息傳送障礙，信息未能得到整合，腦袋處理的是偏差了的信息。同樣地，發出來的指令也不能順利傳送，最後是「偏差」的器官反應，也就是說話和身體的偏差反應。

*言語治療（未解決的問題）：*儘管治療師利用語言刺激協助兒童，但語言刺激信息未能有效地傳送到腦袋，腦袋也只能夠處理偏差了的語言刺激信息。同樣地，發出來的指令也不能順利傳送，未能作出有效的說話和身體反應。

*治言法：*通過腦運動治療，解決傳送障礙，讓語言刺激信息得到處理，達到有效的言語治療的效果。

重塑腦功能可行嗎？

腦運動言語治療是通過腦運動治療提升神經傳送。那麼，我們會問：神經傳送可否治療？神經系統可以改變嗎？

神經可塑性

不少腦神經研究證據顯示，人腦有很大的可塑性。一些極端的例子，如嬰兒在出生時，左腦嚴重受傷，經過治療，也有可能達到接近正常的語言能力（Huttenlocher, 2002）。雖然，結果頗讓人感到安慰，但我仍覺得幸運的是我們的治療對象，大多數沒有嚴重的腦受傷情況。對於正常的腦袋，研究有何發現？Kalat（2004）總結了一連串關於神經可塑性的研究，結果也頗具鼓舞性：

- 前額葉在20歲初段仍繼續成熟。
- 人腦負責傳遞信息的軸突，在接受新經驗時，會製造神經生長物質，產生新分支。
- 運動有助神經發展物質產生。
- 青少年仍會出現細胞自殺機制。這是一個正常的細胞自殺機制，讓腦袋重組，以更有效的方法學習新事物。這個機制的出現，意味青少年的腦袋仍會有改變的空間（Bear, Connors & Paradiso, 2001）。例如，他們的記憶力提升，應付更高層次的學習。

腦運動言語治療的可行性

既然神經具可塑性，腦運動治療又有助神經生長物質產生，改變神經傳送，只是言語治療的方法還不能改變神經傳送。那麼，結合其他治療，以加強治療效果，是勢在必行的。

在我的診所裡，腦運動言語治療已經開始接近二十年了，其間經歷了無數次的修改、調整、補充，直至現在，已經成為完整的運作模式。一般治療對象都能在幾節課後看到語言進步。而且，孩子在語言進步的同時，整體能力包括運動、社交等也得到提升。臨床上，治言法適用於不同症狀的語言障礙，包括語言遲緩、自閉症、因器官受損而導致的語言障礙。當然，年紀越小治療效果越好，其進步也越快，這是毋庸置疑的。

第二節 治言法

目標和理念

目標：開創腦運動言語治療先河

以腦神經理論實踐於言語治療，加強言語治療的成效。

理念

(1)「語言發展」

- 人類是預配了語言能力。而語言能力在早期是需要與運動、認知、社交領域能力互動協調，才得以展開的。
- 語言雖然是按著一個大致相同的軌跡發展，但每個人也會受到自身特質和身處的環境影響，而建立出不盡相同的語言。這就是人與人之間的語言分歧。

(2) 產生出來的「語言障礙」

甲：i）是生理條件缺陷：神經傳送缺陷，但這不等於神經損害。

　　ii）語言和其他領域障礙會同時出現，但程度不一樣。

乙：語言發展偏離正常發展軌道，年紀越大，偏離越多。

理論基礎

治言法是言語治療，從語言理論實踐脱變出來，並結合臨床治療而創立的。至於腦運動治療的理論基礎，則來自於感覺統合和運動科學。

言語治療理論在前幾章已討論過，所以不再詳談。而腦運動治療是把感覺統合治療和運動科學結合起來，可取得相得益彰的效果。

感覺統合由美國的愛爾絲博士（Dr A. Jean Ayres）提出。感覺統合是一個腦神經運動治療。它的重點是我們平常看到的兒童多動、坐不定、注意力不集中等行為，其實是反映他們的感覺接收系統功能缺陷。這些缺陷會影響聲音接收、身體感接收、目光接觸，當然也影響説話時能否定下來聆聽對方的能力。感覺統合治療是通過分析兒童的運動表現，引申他的感覺系統接收能力。治療活動集中在軀體感覺和前庭感覺統合。由於刺激這些感覺系統需要相應的運動，因此感覺統合常被誤解為運動。

運動科學是一門從心理、生理、腦神經科學角度分析人體運動機能的學科。它加入腦運動治療發揮其「從外而內」的作用。腦傳送缺陷的含意就是信息輸送缺陷，因此，身體不能充分執行腦袋發出的運動信息指令。在身體而言，就是我們的肌肉不能作出合適的張力調節。例：信息未能合適地傳送到身軀、腳，我們坐時會曲背或站時身體擺動。不單如此，這些部位的肌肉在長期得不到合適的信息，有關的肌肉力量、牽扯調節的能力也會減低，形成缺陷姿勢。即使腦傳送在治療後進步，但「壞習慣」也不會自動矯正，年紀越大，問題也越大。（圖1）顯示一般情況下背肌在本體和前庭合作反應，讓我們可以反地心吸力翹起上身、手、腳。（圖2）肌肉因缺乏力量而不能作出合適的姿勢。

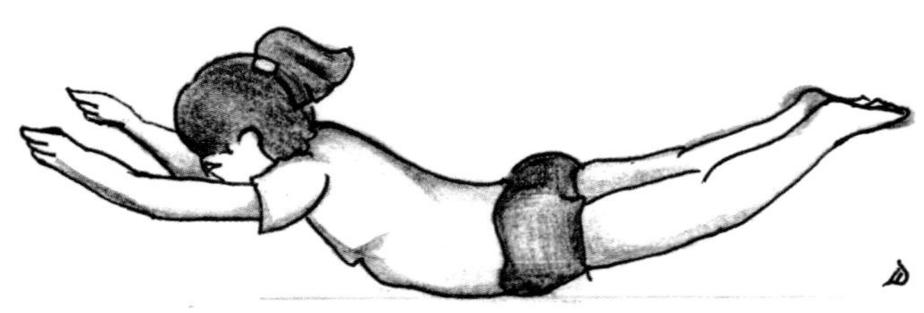

圖1：本體前庭統合姿勢

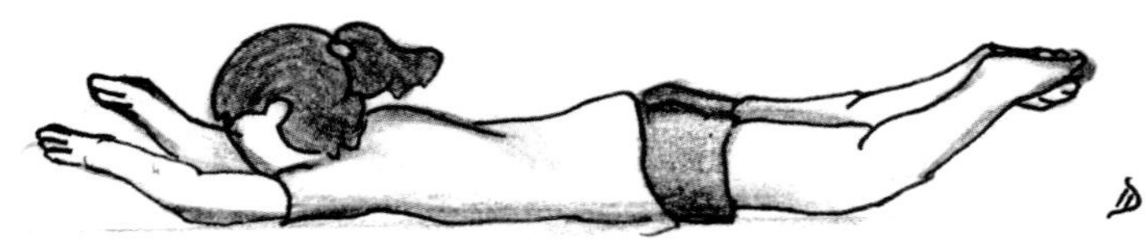

圖2： 偏差姿勢

評估和治療

評估

治言法的評估包含腦運動評估和語言評估。「腦運動」評估是一套治療室（而不是運動室）的測試。治療師按照項目、方法評估孩子的腦傳送能力。這些項目包括如何觀察孩子：專注、姿勢、身體結構、運動能力。還有一些特定的測試。

「語言」評估是一個「廣泛能力年歲量表」。治療師搜集孩子的語言樣本，按指引釐定他在語言、運動、社交、思考四個領域的能力。根據他們的表現，分析出結果，並把孩子的各項能力劃分為五個年歲期：語言開發期（0-2歲）、符號語言期（2-3歲）、語法建築期（3-4歲）、心智解讀期（4-5歲）、思考學術期（5-7歲）。治療師和家長可以一覽孩子各領域的能力。

表2展示了一個簡單化的量表，並不是治言法的全部評估。展示這個表讓讀者有些粗略的概念，因為治療師必須經過專業的治言法評估訓練，才能成為治言法治療師，而採用的評估表格比表2複雜。

治療

治療過程有三個特色：言語治療和腦運動時間彈性調節，語言運動互相引進，最終達到整體進步。

言語治療和腦運動時間彈性調節：由於治言法是一個腦運動、言語治療統一方案，治療師可以全面了解孩子整體能力，給予最合適的治療與幫助，不至浪費治療時間。例：孩子空間感覺不足，若治療時強行教授空間詞彙，就難以奏效。治療師可因應孩子的情況，調節言語治療和腦運動的時間比例。一般而言，腦運動對年紀小或處於基礎能力的孩子佔比相對較重，但隨著年齡增長，言語治療的比重會相應增加。此外，兩者結合的另一好處就是言語治療時可以插入腦運動治療；同樣的，腦運動治療時也可插入言語治療，相輔相成，以達到最佳的治療效果。

表2：治言法量表（簡化版，以作展示）

時期/年歲	語言	運動	認知（思考）、社交
I (0-2歲) 語言 開發期	第一年： - 未有語言、BB話、組合 - 對自己名字有反應 第二年： - 身體語言 - 在不熟悉的地方可以找到物件 - 開始第一個詞 - 詞彙爆發期	第一年： - 從無意識運動到抓握物件 - 從躺下到站起+走路 第二年： - 雙腳跳 - 前後、左右、走路	第一年： - 注意外界事物 - 視覺追蹤下跌的東西 - 對環境聲音反應快 第二年： - 活躍地把弄玩具 - 對說話反應快 - 清晰左手、右手偏好
II （2-3歲） 符號 語言期	- 雙詞組合至「主動賓」句子 -「乜嘢」問題 - 以名字提及自己	- 上下樓梯 - 跳矮欄	專注坐定
III （3-4歲） 語法 建築期	- 複合句子 -「點解」問題 -「我、你」出現 - 敘述事件	- 跑步兩手前後擺動 - 塗顏色不出界	合作遊戲
IV （4-5歲） 心智 解讀期	- 對話時，可等待對方回答問題 - 敘述連串事件 - 說腦海想法	- 舉手扔球，身體同時旋轉 - 執筆手勢正確，寫字	- 心智解讀 - 閱讀
V （5-7歲） 思考 學術期	- 對話交替10次以上 - 講故事	摺紙、剪紙（跟圖形）	- 進入學術期

語言運動互相引進：語言引進腦運動，有助於建立身體形象及大腦與身體信息統合，以及提升肌肉記憶。同時，治療師由於對腦運動有所了解，更可讓孩子以多方向建立語言概念。

例1：治療師以玩具帶領孩子活動時，可同時兼顧抓握和觸感，有助建立物件概念。例2：訓練孩子「空間」詞彙，言語治療先建立孩子的身體空間，再加以強化詞彙。例3：治療師讓聽障孩子接受前庭感覺訓練，由於前庭與耳蝸的密切關係，在刺激前庭之時，孩子的聽覺接收也會得到提升，大大幫助語言訓練。

整體進步：語言和非語言能力都會在神經傳送提升下，一同進步，這是一個必然的結果。因為，治言法本來就包含了運動治療。

治言法是言語治療加強版

治言法的最終目標依然是治療語言，所用的方法與言語治療並沒有抵觸，“治言法”只是結合了神經傳送治療，讓效果更快速、更有效。因此，治言法是言語治療的“加強版”。

治言法協助治療設計

言語治療師面對的孩子其實不單是語言障礙，他們多同時有別的問題。治言法參考語言及各領域能力的發展里程，總結出一個不同領域能力的大概時序：情緒→運動→語言→簡單邏輯→學術（圖3）。這個時序可幫助治療師訂立治療目標。例：在治療讀寫障礙時，治療師有時會發覺孩子停滯不前，這是由於他的前期語言基礎未建立好。所以，治療師可先治療語言，然後再回到讀寫治療。

圖3：不同領域能力發展的大概時序

治言法以宏觀角度帶領語言活動

治療師結合腦神經及言語治療的知識，宏觀治療方向。例：在加強詞彙理解，如果只是「說」詞彙，是不足以讓孩子獲得詞彙的多層意思。治療師會利用對腦運動的認識，帶領孩子玩一些觸摸遊戲，如：把水果藏於布袋裡，要孩子伸手進去，摸摸是什麼水果。這樣，形狀、質感也同時帶進孩子的知覺，提升孩子對詞彙的理解層次。又例如治療師在帶領語言空間詞（裡面、上面、下面……）時，會先觀察孩子身體協調能力，若孩子身體空間協調笨拙，他便把建立空間詞彙放在腦運動能力提升之後。

治言法給予治療者新希望

治言法著重「神經傳送」，不過也強調神經傳送缺陷有別於智力問題，也有別於大腦受損，不能在腦掃描、磁力共振反映出來。鼓舞的是我們可以通過治療提升腦傳送能力，而腦功能得以提升之際，神經可塑性的研究結果更讓治療擺脫「6歲之前」這個死線的捆綁。

治言法澄清言語治療謬誤

圖片使用是言語治療常見的。有時，孩子不能閱讀圖片，治療師以為圖片不夠真實，而改用照片。但實際上，是這些兒童還未建

圖4：遠近景物

立好平面空間接收能力，因而看不懂圖畫。正如圖4, 5，他們根本看不出圖中的遠近立體感，或是裡面一些表示動作的線條。此時，治言法治療師會基於她對腦運動的理解，明白到圖畫根本就不適合這些兒童。她會先建立孩子的身體空間能力，以立體、質感的物件作為語言訓練工具；等到適當的時候，才使用圖片。況且，由圖畫轉為採用照片，並沒有實質地幫助孩子建立語言，更是在某程度上減低了想像空間。若我們從語言本來就是符號的概念去想想，這個做法是與提升語言背道而馳的。

圖5：線條表示動作

治言法是以人為本

治言法雖然著重生理條件，但治言法也是一個“以人為本”的治療。首先，回歸正常發展軌道是“以人為本”的體驗！然而，治言法在遵循發展里程的同時，也注重個人差異。此話何解？其實就是：即使沒有接受過治療的一般人，也會因其自身能力、文化背景的不同，而獲得不盡相同的語言。同樣地，面對20歲和3歲如此差別的對象，治療目標當然會有所不同。除此之外，語障兒童的心理情緒是另一個不容忽視的重要因素。治言法，在以“人”為“本來”原則下，也會結合心理治療，作出調整，而不是一個方案原封不動，人人如是！由於篇幅所限，暫時不作詳細論述。

從個案看治言法的成效

以下我跟大家分享一些個案。我期待，通過這些個案的分享，能讓大家對“治言法”更為了解。

個案討論

個案一 俊俊：感覺運動能力開發了語言

背景

俊俊評估時是2歲3個月。早期運動發展正常。可發出簡單聲音，到兩歲後才開始有一些牙牙學語的「baba」音，但並不是對著爸爸說。父母覺得俊俊不理解別人的話，也不能跟從指令去做。除此之外，俊俊基本不看人。見到陌生人會哭，也不跟別的小朋友玩耍。

評估時行為及能力

俊俊進入房間後，便坐在椅子上。前面是一張桌子，桌子上放了一些玩具，他沒有伸手去觸碰玩具，但也沒有走開，只是用眼睛隨意“掃射”著房間，並沒有明顯的焦點。當我推動桌上的一輛玩具車子，來吸引俊俊的注意時，他也跟著拿起一輛車，不過他把它放進旁邊的茶壺內！他窺視一下茶壺內的車子，然後將它倒

出來。倒出來後，又放進茶壺，這樣來來回回多次。最後，他終於把車子拿了出來，並放在桌子上推。當我拿走他手上的車時，他看了一看我，卻沒有要求拿回車子的表現。

俊俊還未正式開始說話，玩玩具時也十分沉默。他對別人呼喚他的名字時，沒有即時反應，要重複幾次才知道在叫他。他也不能辨認物件，對一般的生活指令，例如叫他「執返啲嘢」沒有反應。走路時，俊俊視線與走路的方向不一致。眼神散渙，也沒有瞥見旁邊事物。走起路來，腳步不穩，身體搖擺，並向前傾。坐下時，身子坍塌。把弄物件時，手指不靈活，視線也不追隨跌下的東西。被觸碰時，也沒有反應。

分析

兒童12個月會主動玩不同的玩具，理解一般生活上的指示，辨認物品，這些都是俊俊未能做到的；加上他還未說話，所以，他的語言能力在12個月以下。根據父母提供的資料，俊俊已有些牙牙學語的「baba」音。因此，俊俊的整體語言大概在8-12個月。俊俊走路姿勢搖晃、坐姿坍塌、腳步不穩、對觸感欠缺反應。這些現象說明，他的軀幹控制不足、前庭及本體統合缺陷、觸感失調。感統失調的孩子，往往要靠視覺去帶領動作。俊俊過分以視覺帶領走路，所以他走路時沒有能力同時關注旁邊的東西。此外，別人喊叫他時，俊俊不能給予即時反應，這是聲音傳遞缺陷。

治療方案

根據認知理論，幼兒在「感覺運動期」要建立語言發展必須的認知能力。然而，評估顯示俊俊的感覺運動能力不足，難以建立早期概念以及發展語言。為此，我把治療目標訂立為：建立感覺運動能力、建立溝通互動、建立物件概念及建立語義：詞彙（任何物件、動作、屬性名稱）。

治療表現

俊俊的軀體感、前庭感都不足。我首先選擇幫他開發軀體感。我先讓俊俊把弄一些「剃鬚膏」，讓他把這些膏塗在身體手腳上，並鼓勵他玩玩塗塗。這樣，俊俊在接受觸感的同時也活動肢體。之後，我再引入強烈的關節運動，讓俊俊通過爬行，提升本體感。

軀體感開發後，我加入了搖盪活動來刺激前庭感。然而，當俊俊趴在鞦韆時，他完全不能抬起頭，雙手無力垂下來。這反映了俊俊的系統仍未準備接受這個刺激。我把活動調節為一個趴球活動，且開始時，讓俊俊雙腳觸碰到地面(圖6)，減少前庭刺激。改變活動後，俊俊身體開始隨著球滾動方向往前推進了，並在多次嘗試下，可以做到雙腳離地、雙手撐地，最後，整個人被推到球的另一邊，達到“人、球”分離。根據感覺統合理論，聽覺接收統合在軀體接收後才出現。

俊俊把弄玩具的能力極不足，所以我選擇一些既簡單又切合他興趣的玩具。開始時，我跟他玩「車子滑下斜坡」玩具，並以語調、改變玩法等來吸引他的目光。在此過程中，我以不經意的輪流、等待，引起他的反應。除此之外，我跟他一起互動，並給予語言刺激。不久，俊俊開始對玩具產生興趣，我再選取另一些質感不同的玩具，增加語言機會，也滿足他觸感的需要。

圖6：趴球活動

進展

經三節課之後，俊俊“看”人的時間增加了很多，也開始留意環境裡不同的人；對別人的喊叫有了即時反應；玩玩具的興趣及類別也有所提升；可以接受鞦韆搖盪的刺激。兩個多月以後，俊俊開始説話。九個月後的今天，他的改變如何？從以下他跟治療師的對話可以看到。T：治療師， C：俊俊

（俊俊在桌子上推車）

T：俊俊玩乜嘢？

C：玩車，booboo……

T：(假裝要拿走他的車子)

C：姨姨（C是這樣稱呼治療師）唔好（一邊用手擋住治療師），自己玩。

（這個時候T拿了一個超市玩具出來，還有一些食物。C立即停止了玩車，看著T的玩具）

C：嘩，好多嘢！

個案展示

這個兩個多月的個案給予我們的啟發：

- 腦運動結合言語治療，是可以在短時間內看到成效的。
- 對於未有語言的兒童，感覺運動能力開發是很重要的。
- 治療未開始説話的兒童，不能只教發音，而是通過概念推進，互動建立語言。
- 治療師帶領兒童的時序，需兼顧互動及目標，要對兒童的反應作出即時判斷，並及時調節，才能引起兒童參與的興趣。
- 工具選擇既要切合興趣又要合乎發展。
- 俊俊雖然到現在，還未能達到同齡兒童的能力，但他的表現，已讓他跟正常發展的兒童越來越接近。在一個陌生人眼中，可能不會發現他的問題。
- 兒童在進步時，一些藏在深處的問題會顯現出來。這些問題包括內裡情緒，俊俊也不例外。在他的父母對他説話能力較為放心時，開始發現俊俊一些特別行為，如：他只是黏著媽媽、婆婆，但拒絕爸爸、公公；他的脾氣變大，在他拿不到想要的東西時，會大哭大鬧。

前者是內藏「情意結」的情緒表現。這時，配合心理治療，是最佳的處理。後者，是兒童在進步後目標感加強，對於「想要」的東西更清晰，所以相對的反應也更大。

個案二 NC：治療課視為最佳獎勵

背景

8歲9個月，以英語為母語，在國際學校唸三年級。爸爸匯報孩子開始説話時間較晚，但孩子可以應付一般生活溝通，所以沒有特別理會。爸爸帶他到來做評估，因為孩子不能跟上學術要求，更面臨被老師勸退的困境。爸爸深知即使再找到學校，孩子也會跟不上學術要求。除此之外，他也覺得在家教導孩子讀書十分吃力，因為孩子常抱怨寫字疲累，拒絕做功課。NC到來這裡之前，已參與過言語治療，但效果不佳。在家庭醫生介紹下，再作嘗試。

評估時行為和能力

NC十分合作，一直與治療師維持眼神接觸，但他表現被動，且沒有信心。他喜歡玩車，幼稚，如同5、6歲孩童。NC坐時身體依靠桌子，且不停有輕微擺動，容易分心。五指握筆（圖7），書寫笨拙，簡單的圖畫也抄得不工整。在進行圖片描述的活動時，他説了以下的話：

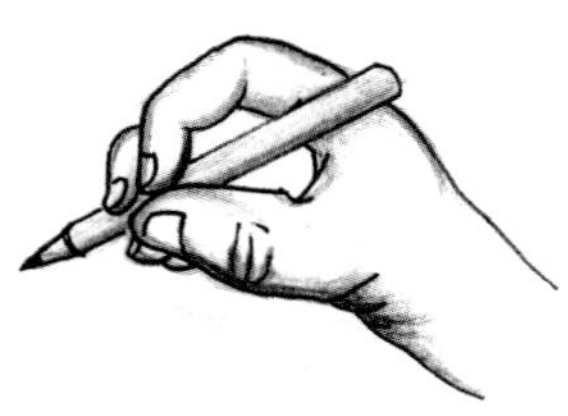

圖7：五指握筆

“They are going to shopping, with mother, sister and the brother. There they go to pay and go home”.

治療師：Do you have friends?

NC： Yes two.

治療師：What do you play with them?

NC： Nic, Gabrial, tagging game, hide and seek. Hide and then you have catch me.

分析

NC使用的多數是簡單句式，偶爾有複合句；他的描述程序混亂；詞彙都非常簡單。所以我界定他的語言程度是3-4歲。他願意與人交流，只是長期失敗，才沒有信心。他的表現幼稚，跟他的發展遲緩有關係。書寫也落後。對於年紀大的孩子，腦運動能力可以從姿勢、運動及握筆觀察出來。坐姿坍塌，加上身體擺動，表示他的本體、前庭統合缺陷。從運動科學分析，他的背肌與坐肌張力不足。軀幹控制不佳，四肢、手指控制都會受到影響，執筆偏差顯示觸感有問題。

治療方案

開發腦神經傳送能力；建立溝通互動；增加詞彙，以協助他更清晰表達意思。

治療表現

腦神經接收能力與語言能力相互關連。根據感覺統合理論，在發展上，身體統合的建立，應先於聽覺接收的建立。

我也是先幫NC建立軀體感，這樣同時可以調節前庭感。本來，爬行是很好的本體刺激活動，但由於NC的體型較大，簡單爬行活動不足以挑戰他的本體接收，所以，我讓他在鞦韆上爬行。這樣，他同時得到本體--前庭感覺。最初時他做得非常笨拙，很容易從鞦韆摔下來。經過自我調節，慢慢地他可以不從鞦韆上掉下來了。這個結果，代表他的統合進步。我繼續挑戰他已有進步的神經系統。

另一方面，對於年紀大的孩子，身體結構已經因為多年的神經接收缺陷而發生了改變。因此，我設計了一些強化背肌與腹肌的活動。（圖8）初期NC做得相當吃力，通過調節活動時間、頻率，NC慢慢地可以維持較長時間。

NC是一個小學生，但能力如同幼稚園孩子。設計活動時，我要兼顧他的年齡與能力。NC的幼稚正好讓我可以通過遊戲帶領互動。我一邊跟他玩遊戲，一邊誘導他説話，同時以示範、改造手法，修改他的話語。最重要的是一切要做得自然，否則會打斷遊戲，也會打斷互動。

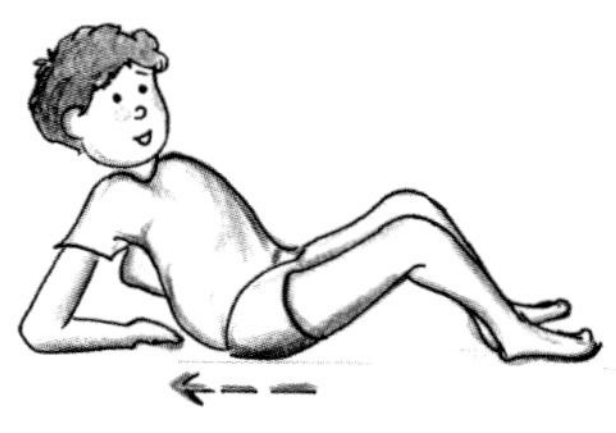
圖8：背肌、腹肌活动

進展

三節課後，NC完全投入治療活動。他變得主動，語言增多，詞彙增加，也更能準確表達自己的意思。

半年後，正好NC剛過完暑假，返回學校。學校看到NC進步了很多，願意再觀察他的表現，從而決定是否要求他轉校。

一年後，父母報告説NC已經融入他的學校課程，跟其他同學一樣做presentation。NC的動作已不再像初來時那樣笨拙。在接受難度較高的協調活動時，他雖然還沒有一般孩子操作得那麼靈活利落；但，他已沒有“投訴”寫字累，做功課時也不用父子“角力”了。

個案展示

- 年紀大的兒童依然可以進步。這個打破了一般「6歲」死線的常規說法。
- 臨床小心觀察，可以看到年紀大的兒童腦神經運作能力。適當的治療帶動兒童的進步，而進步正是對兒童最好的獎勵。NC爸爸跟我們說上治療課是NC最期待的活動，所以他會以上治療課作為NC在家聽話的獎勵。
- NC進步的同時，抑壓已久的情緒會在他無意說話裡表現出來。例如：在他自編的故事裡,"Shut up your stupid mouth. You stupid. Are you crazy? Go away......because she is too crazy."。此時，加上心理治療，效果更佳。
- NC以上的一番話，再次印證「語言不是教出來的」。因為，「罵人」不會是治療目標。
- NC的進步當然讓我欣慰，但最愉快的是父母可以不再擔憂孩子會被趕出校。有這個經歷的父母定會深深體會到的！

個案三 雪兒：發展遲緩孩子也可以智力不凡

背景

9歲，就讀國際學校四年級。媽媽帶女兒到來做評估，是感覺雪兒說話和理解能力不足。根據媽媽的匯報，雪兒早期語言及運動發展里程都正常。但她在幼稚園時，老師曾批評她經常「發夢」，經常要老師提醒她需要做的事。評估時，雪兒在校成績不好，被動，常給人欺負。

評估時行為和能力

雪兒表現木訥，守規矩。測試時，她常說自己不懂，或做得不好。她的運動表現並不笨拙，能夠坐定，正確執筆，也能保持目光接觸。不過，雪兒時而有「游離」的表現，我要重複問題，讓她再回答。對話時，她的英文較中文好，所以我也用英語跟她交談。她表現被動，反應十分緩慢，常誤解問題。以下是她的語言樣本：

Kindergarten has friends, has some friends, some there, primary one cannot see them anymore, must make new friends. Some of them really don't like. Sometimes very naughty at kindergarten. They sometimes hit people in kindergarten. My friends don't really play with me and sometimes teachers really say anything.

（翻譯：幼稚園有朋友，有些朋友，有些，一年級不能再見到他們，要交新朋友。他們有些人真的不喜歡，有些人很頑皮，他們有時打人，我的朋友不跟我玩，有時老師說些話。）

進行閱讀理解活動時，我給了她約有兩頁紙長度的文章讓她來讀。她可以讀文章，但並不理解文章內容。

分析

說話多是簡單句式。描述時沒有清晰的時間、人物，所以雪兒的整體語言能力大概在4-5歲。閱讀理解反映她的語言問題，也解釋了她在學校成績不好的原因。

一個9歲的女孩，整體語言能力在4-5歲，是非常落後的。不過，即使嚴重遲緩，只要她有簡單的句式、有限的詞彙，在日常生活中，也未必在生活起居構成重大的溝通問題。所以，很多年紀較大孩子的説話問題，往往被忽略。

除此之外，除非他們本身協調非常笨拙，要從一般動作姿勢觀察9歲孩子的神經傳送能力，也是相當困難。不過，這個女孩的臨床觀察顯示：常常聽錯治療師的話，要多番重複才有反應，已是一個明顯的聲音傳遞缺陷；再者，她反應緩慢，表示她的信息傳遞速度也不足；加上，她時而出現游離狀態，這更是腦神經功能不足的表現。至於，要測試這個年紀較大的孩子的統合問題，我採用了一些較高層次的活動，包括計劃性、物件概念、空間及程序概念應用等活動。她的統合問題也從而顯示出來。

治療方案

目標：提升腦傳送能力；建立互動語言/對話的主動性；建立描述能力；建立聆聽能力。

治療表現

建立主動性的第一步，是讓雪兒沒有回答問題的壓力。我通過互動遊戲，讓雪兒放鬆心情，引發自然説話的反應。第二步再設計一個迎合她興趣的活動，建立她的描述能力。因為雪兒喜歡繪畫，我就讓她製作漫畫故事（圖9）。雪兒積極參與，而且故事情節設計越來越豐富。這時，我開始要求她聆聽；並且，在她忘形地搶著説話時，我會制止她，務必要她聽清楚後才説話。

圖9：雪兒的漫畫故事

除了口語，雪兒也要面對閱讀理解的問題。雖然，她的口語能力還未達標，但我也要兼顧她的閱讀需要。所以，我以分析、分類、分級方法協助她理解文章。

雖然雪兒沒有表現身體笨拙，但根據感覺統合理論，聲音處理要建立在軀體統合之後。對於像雪兒一樣有明顯聲音接收困難的兒童，我先讓她接受一些軀體--前庭刺激。這一次，我要求雪兒自行找一些障礙物疊高，如同一座小山。拼砌這座小山，對雪兒來說，既有挑戰性，又好玩。她很積極地去砌、去爬，在她爬得駕輕就熟時，我把搖盪活動加入其中，增強她的軀體、前庭刺激。在她更為進步時，我要求她把想法說出來，成為思考與動作計劃的合成活動。雪兒不斷改變，治療難度也隨而提升，如雪兒趴在滑板車從滑梯滑下來，到地面時要用兩手左右推開豆袋。

進展

4個月後，雪兒的語言理解與表達都有明顯的進步。當同學嘗試欺負她時，她會以語言進行還擊（希望讀者不要覺得我「教壞」

她)，因為適當的還擊是生存之道。雪兒在學校，從一個不開口說話的人變成一個主動表達自己的學生。學術上，英文課成績已達中等程度。在媽媽的要求下，我協助她改善中文及數學問題。以使她的中文程度跟英文程度差不多，至於數學卻要因治療師而異，幸好，我也可以幫助她數學。

7個月後，雪兒的語言繼續進步，詞彙量增加，可以敘述事情；但思考、倫理的能力仍不足。在學校裡，她受到同學的歡迎，表現也變得有信心，且能幫助別人。她的學業已達到一般水準。

兩年治療後，雪兒是個六年級學生。她說話合理，成為學校裡一個受歡迎的人物，並且擔任小學畢業典禮上的學生司儀。大考時，她的成績排行在班裡的前25%；體能的進步，也讓她在跆拳道公開比賽取得不少獎盃。

她以優異的成績入讀原校的中一。到了中學，雪兒將面對更多挑戰。這些挑戰，已不再是如何溝通，而是如何面對嫉妒等等。治療已經成為她的記憶一部分，她將繼續她的燦爛人生。

個案展示

- 與NC的情況一樣，年紀大的兒童依然可以進步。
- 年紀大的兒童的腦神經運作是比較難觀察的，但他們的問題總會在生活裡顯示出來。所以治療師必須小心清晰理論，調節評估活動。

- 發展遲緩的孩子，在學校裡往往會成為被欺凌的對象。因此，他們的進步不但幫助他們的社交溝通，更是提升他們的自我保護能力。

- 對於年紀大的孩子，學術參與，是不可避免的。我將治療技巧融入於學術上，提升了她的閱讀與理解。至於數學，是另外一門學問，能否幫她提升，要視乎個別治療師的能力。對於我本人，教授數學也是我常做的項目。希望以後有機會，再討論。

- 雪兒從一個成績中低程度的孩子變成名列前茅的學生，再一次印證了語言遲緩與智力水準是不一樣的！慶幸的是雪兒的媽媽能面對現實，積極為女兒尋找治療。如果雪兒沒有接受治療，那她的聰明就永遠被埋沒了！

三例歸納的經驗及結論

以上的個案只是我眾多治療中的冰山一角。我以它們闡述我的觀點：

- 治言法讓治療更快速見到成果。
- 即使是年紀比較大的兒童，適當的腦運動開發，配合言語治療同樣可以獲得理想的進步。
- 發展遲緩的孩子也可以是智力不凡的。
- 治療的成功：依賴於準確的評估、到位的治療，還有治療師「以人為本」的考慮！

治言法是科學也是藝術

言語治療是一個「以人為本」的專業，治言法更是將這個理念充分發揮，它是科學也是藝術。

治療科學

治言法是一門科學，這是毋庸置疑的。無論治療對象是成人或是兒童，治言法是基於很多研究，發展起來的專業。如說話發聲、發音，是生理學、生物學、物理學的知識；語言、流暢，是腦神經科學、語言學、言語科學、心理學的知識；腦運動，是腦神經科學、解剖學、生物力學的知識。而評估和治療，更是牽涉很多資料的搜集、整理、統計和分析，是一個複雜的“系統工程”。

每一個治療過程，無論是語言或是運動，治療師都必須融匯她的科學知識，在臨床上貫通運用。在治療時，治療對象往往是語言、身體控制有所欠缺，治言法的治療師要同時兼顧。從活動的設計、帶領中可看到她對科學的理解與運用。

例如：幼兒把玩具車推上軌道。治言法的治療師運用語言學和言語科學知識，配合幼兒動作發出他們容易接收的聲音，以建立語

言規律；運用運動科學知識，協助幼兒以掌心握住車子；運用心理學知識，將滑下來的車子收藏，讓幼兒尋找，以建立概念……又例如：孩子一邊蕩鞦韆，一邊將豆袋扔到不同的籃子裡。治療師運用腦神經科學知識設計這個活動，以提升腦傳送能力；運用語言學知識調節指令，讓受治的兒童明白；再運用心理學知識，要求按程序扔豆袋，訓練兒童的程序概念。

治療藝術

治言法中，帶領治療課的“魅力藝術”在於“潤物細無聲”：是參與—融入—提升的過程。

無論治療對象會不會説話，治言法的治療師都會跟他們互動。這種互動既不是枯燥乏味的“跟講”，也不是不著邊際的哄逗。面對會説話的孩子，治療師不像老師、學生那樣，教、學分明，而是神態自若的閒聊，不形於色的協助孩子説出糾結不清的話語。面對不會説話的孩子，她為孩子選擇簡單工具，以原始的方式引領。她活潑在孩子迷茫時；她沉默在孩子思考時。她內心會為孩子的突破而欣喜若狂，但臉上卻波瀾不驚，不露絲毫痕跡，因為她深知，此時的喜形於色會打破孩子的專注。

有質素的治療課，猶如音樂家彈奏一首樂曲。治療師以動作、表情、話語帶領每一個環節。疾徐有道卻又酣暢淋漓！恰如演奏者將音符、旋律巧妙地結合起來，輕柔歡快如同行雲流水！你若有機會從旁觀看，定會不自覺地融入其中。因為，治療師跟對象交談的不單是發出來的聲音和説話，更有內心感悟的心靈“對白”，就像演奏者用手、用心“彈撥”音符，與聽眾“共鳴”！

在和諧的“演奏”裡，治療師無忘初衷，她以熟練的手法，由衷的讚賞控制著，或是舒緩、或是激昂、起伏有度的節奏，演繹這治療“樂曲”。你會驚歎孩子的附和與改變！這就是獨具魅力的“治療藝術”。

治言法適用於不同症狀：症狀簡介

治言法其實不單只是用於治療兒童語言障礙，也適用於其他臨床的症狀。因為，問題都出現在內。以下向讀者簡單介紹一下其他症狀，但如何治療要留待以後詳談。

讀寫障礙

這是一個腦神經信息處理障礙。與此有關的，他們伴有聽覺處理缺陷。臨床上，這些兒童早期多有與音韻相關的問題，包括有發音障礙、説話時像有外國人口音。語言上，他們有詞彙提取或找字困難，嚴重的也有語言障礙表徵。學術上，讀寫障礙兒童的特徵是認字、儲存字困難，即使剛學會也很快又忘記，默寫不佳，部分兒童抄寫也有問題。中英文比較沒有一定規律，有些數學也有困難。一般要等到孩子上小學才確診。

其實，父母若細心觀察，這些表徵早在3、4歲時已開始浮現出來。除以上所説的，他們在幼稚園時期已經是學字較慢、空間程序概念不足影響拼圖能力、時間觀念、注意力不集中、以及有情緒社交等問題。

書寫障礙

這個表現本來是跟讀寫障礙連在一起的，但近年來，臨床上，多了一些嚴重的書寫障礙個案，所以我把它獨立出來討論。這些兒童的特點是抄寫非常困難。因此，即使他們對著一個字，也不知從何下筆去抄。與此相關的，他們對物件好像沒有腦海畫面，因此畫畫也很困難。這些兒童多有情緒問題，尤其是要做功課時，可能會有極大反應。

自閉症

或自閉症譜系，是指兒童有社交溝通、重複行為、狹窄興趣的表徵。臨床上，他們表現因人而異，但一般都是比較固執，有焦慮情緒。他們有些很願意與人溝通，只是社交規矩理解不足；另一些則是對人視若無睹。其表現及進步視乎程度，與開始治療時間，在合適的治療下，很多都能回到主流。

發展失用症

是一個運動信息傳送障礙。這個會導致身體運動協調笨拙。與此有關的，他們也有運動語言問題，即是他們有想說但說不出來的表現，而理解力是相對比較好。有些孩子雖不至於表達不出想說的話，但卻有嚴重的發音困難，且錯誤的地方沒有規律。

臨床上，發展失用症常被誤判為別的症狀。因為，這些兒童縱然在某些運動顯得笨拙，但卻未必會在運動發展里程表現出來；運動因素反而給其他表徵掩蓋，而為人所忽略。一般言語治療師，是不容易把失用症分辨出來，以為是語言或發音障礙。此外，這些兒童也有固執行為，情緒起伏大，故此，他們也常被誤以為是自閉症。

亞氏保加症

這是一個與自閉症類近的發展障礙。跟自閉症相似的是亞症兒童同是有社交溝通困難、興趣狹窄、固執。不同的是他們願意與人溝通，有些甚至渴望交朋友，但卻缺乏社交理解而碰壁，或被視為不守規矩。他們多是智力正常，記憶力好，所以一般都是生活在人群裡，接受主流教育。但他們往往有獨特的想法，並且不容易為人所説服，使他們與人不同。這些兒童運動能力笨拙，多不喜歡運動。能力比較好的可有不錯的學術成績，説話時有成人詞彙，甚或成語，給人語言能力高超的錯覺。然而，雖然他們有廣闊詞彙，卻欠缺對詞彙的深度理解，導致詞彙使用不合適。

過度活躍症(ADHD)

與部分腦袋結構異常及腦神經傳遞物質分泌不足有關。有關兒童表現活躍或專注力不足、衝動。臨床上，跳躍思維在語言上反映出來，説話組織紊亂、主題鬆散，對話時維持題目能力不佳。

聽覺障礙

聽覺器官與前庭器官同時位於內耳，也是經由同一條神經線把信息傳送到腦袋。臨床上，聽障兒童多同時有前庭感缺陷，腦運動言語治療一般都能有效地提升他們的語言能力，效果比單獨做言語治療為快。臨床上，兒童接受腦運動治療後，聽力也有進步。

胼胝體缺乏/狹窄

這是一個罕有的症狀。不過，就在近幾年，我已遇到三個，所以在這也寫出來。這些兒童外表跟其他兒童無異，但他們大多運動協調笨拙、肌肉張力低，有些有社交、情緒、思考缺陷。臨床上，這些兒童的表徵不一致，在我遇上的個案來說，他們的肢體控制都特別差，部分有語言障礙。

情緒障礙

這個本來不是一個特別的症狀，只是治療者常有的問題。情緒表現，不一定是脾氣暴躁，有的是極度頑皮、退縮、做一些奇怪行為。家長需留意，在大多數發展遲緩的個案裡，兒童都有不同程度的情緒問題，會減慢他們的治療進度。

總結本章

★治言法是腦運動言語治療，操作有依據
★治言法是一個獨立的加強版言語治療
★治言法提升言語治療成效之餘，讓治療進行更得心應手
★準確評估是治療的關鍵
★治言法是科學也是藝術
★治言法是適用於不同症狀，但篇幅所限，以後再詳談

治言法就是讓兒童重新建立應有的腦神經能力。在正常的腦傳送下，治療的效果是讓語言回到正常發展軌道，使兒童融入生活裡，甚至是超越同儕。這既是「專門」的言語治療，又是「專門」加強版的言語治療！

第六章 和家長一起走過的日子

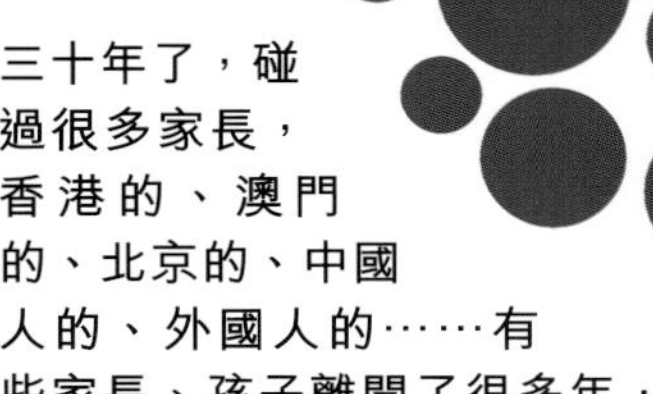

三十年了，碰過很多家長，香港的、澳門的、北京的、中國人的、外國人的……有些家長、孩子離開了很多年，但依然聯繫；有些，剛進來。他們面對的是孩子、家人、社會；承受的是照顧孩子的現在、選擇他們的方向、肩負他們的未來。有些仍可步履輕鬆，有些卻步步艱辛；這都是**我和家長走過的日子**。以下是其中一段對話：

一位媽媽一邊跟我談論他的孩子，一邊焦慮地扭著自己的手指。她的孩子剛三歲，來的時候2歲9個月，不理睬別人，只是自言自語的說一些太空話。三個月治療後，他跟人有了眼神接觸，開始跟說話，偶爾有自己的話。他也開始理解一些日常的話，如：去街，著鞋。父母看兒子已經三歲，帶他去半年前到過的幼兒園，誰知一進去，剛好碰到主任，主任要他看著說話，孩子立即回過頭不看，哭鬧不已。主任對父母說孩子一點進步都沒有。

父母心裡沉了，媽媽立即要找人輔導。我回答她，第一，這個孩子雖然進步了，但他的能力還是剛開始，好像一個一歲多的孩子，上學對於他來說會有難處；第二，孩子是看到這所幼兒園的情緒沒有改變，不是沒進步。

其實這位母親心底裡也清楚孩子未到上學能力，送他上學是因為：「嫲嫲話佢都正常返，應該返學」，「其他媽媽朋友話三歲要返學」，「有個媽媽話群吓群吓，就會講嘢啦」，更有人説「佢唔明唔緊要，學吓規矩都好呀」。

這些都是旁邊好心的專家，我反問：孩子難得開始有較為正常的表現，送他到他能力不及的地方，會否把他打回原形？群吓群吓就會説話，那麼在他還未説話時，又不叫他去群吓群吓？上學為了學習規矩，那跟送他去坐牢有何分別？

小知識
大智慧

前幾章的討論，希望能讓家長讀者多一點概念。經常有家長跟我説因為自己不懂，所以只有靠專業。孩子的問題當然需要專業的幫助，但這不等於家長什麼都可以不會。這一節我把前幾章的小知識歸納，再提示一下，一些在生活中可觀察到的現象。

前幾章歸納

- 要分清言語治療的障礙類別：發音、語言、聲線、口吃。
- 治療語言有成分之分：語義、語法、語用、形態、音韻。
- 治療後的語言須符合語言特性。鸚鵡學舌的説話沒有資格成為人類語言。
- 只有提升腦傳送能力才能有效讓孩子接收語言刺激。

言語治療「像」什麼？

在很多家長心目中，讓孩子跟説話、要孩子左右推舌頭，就是言語治療。這些很「像」言語治療的畫面，只是治療的一部分。簡單的例子就是面對一個根本坐不定，不理睬別人的孩子，你覺得他的問題真的是推舌頭就可以解決嗎？且看以下的畫面：

- 對於還未開始説話的孩子，他們往往因為感覺運動能力不足，而沒有足夠的認知概念建立語言。治療目標便是要提升他們把弄物件的能力，而相對的活動就會好像「玩玩具」；
- 對於不能坐定，沉醉在自我世界，或不能專注於桌子活動的孩子。治療目標便是開發他們的腦神經傳送能力，而相對的活動就會好像「做運動」。

説話雖然是要用嘴巴，但不會説話的原因往往不是出在嘴巴。試想，如果語障孩子沒有吞嚥困難，吃雪糕也會舔舔嘴，要他們推舌頭又有何用？大家要切記，這種看起來「像」的訓練，實則就是頭痛醫頭、腳痛醫腳、不説話推舌頭的表面功夫。真正的做法是尋找問題根源、對症下藥，才稱得上是言語「治療」。

「口肌」是訓練什麼的？

雖然口肌訓練經常「説」被使用，不過這個名稱實在包含什麼？推舌頭、吹泡泡，相信是必然的項目；又或是「咬牙膠」、甚至是最近聽聞的「咬冰凍的胡蘿蔔」等。讀者除了為這些孩子的牙齒心痛外，有否想過為什麼要做？

依我而言，「口肌」其實是一個誤導的名稱，真正應該是整個頭、頸連口腔的肌肉訓練。這是針對一些有「流口水」、口腔感覺敏感、肌肉張力或協調不足、頭臉神經受損等情況而做的。因此，訓練牽涉的層面，不單是「口」肌、還有「臉」、「喉」肌肉；不止是運動，還有感覺部分。這些肌肉的功能是由腦神經線掌管的，而操作的人須對神經線有認識。

曾經有一個三歲的男孩來我的診所做治療，開始時，他不會説話，不理睬旁邊的事物，只是把所有東西放進嘴巴裡。好不容易，我幫他建立了環境及人物概念，他慢慢地把注意力轉移到外界的事物。誰知，這時，幼兒園裡的治療師讓他咬牙膠，還要媽媽在家做跟進訓練。這一咬真的一發不可收拾。這個男孩，再次將所有東西都放進嘴巴裡。上課時只管咬玩具、咬衣服⋯⋯，最後咬手指、咬媽媽、咬人！

所以，我在這裡澄清，我並不是反對做肌肉訓練，而實際上我做很多這方面的治療，只是：**應做則做**。

生活觀察自有錦囊

很多家長會問：「我怎樣知道孩子有語言障礙？」又或是：「語言障礙感覺上還比較容易知道，腦神經傳送有問題又怎樣看出來？」我們要記住，孩子之所以被評為有障礙，是因為他在生活上出現了問題。因此，家長如果能對生活中的這些跡象敏感，也就不難看出端倪。只是，有時家長可能注意到了，但卻以為是個別現象，而不以為然，最終錯過了及早治療的機會。

看語言多比較

與同齡同性孩子比較我想很多家長讀者都有一個共識就是女孩子比男孩子説話早。因此，他們往往將兒子的説話問題歸咎到：「男仔講嘢係遲啲」，卻又忘記了兒子的語言也可能比同齡的男孩子弱。相反地，縱然有共識，一些女孩子的家長又會忘記將女兒跟同性別的孩子比較，因而忽略了女兒的遲緩。所以，家長最終應該將子女跟同年齡、同性別的孩子比較。最容易找到比較對象的就是在學校、playgroup裡。如果家長沒有機會到學校、playgroup，可帶孩子到一些有較多小朋友的地方，甚至是餐廳、地鐵等都不難找到合適的留意人選。

跟年齡比子女小3-6個月的孩子比較有時家長看到自己的孩子跟同齡的孩子比似乎有點差距，但不能辨別到底是否正常。這個想法是合理的。因為語言能力也有一個正常範圍，所以孩子的語言不及同齡的不一定是遲緩，家長可試試觀察年齡比子女小3-6個月的孩子。同一道理，家長若覺得子女超越同齡，也可以與年紀稍大的兒童做比較。

5歲後觀察敘述能力年齡較大的，即使只有3、4歲孩子的能力，生活中也不容易觀察出來。這時，家長可關注他們的對答、講故事以及報告事情的能力。

其他能力看語言早期語言差異較大的一般都不難看出來，例：孩子三歲了只說單詞。但，如果孩子的差異不是那麼大，又或是年紀較大，除了觀察語言外，家長還可參考：

注意力

語障孩子做事時，會顯得容易疲累，不能堅持活動，家長會誤以為子女懶惰。但其原因可能是因不理解而感到困難，從而產生注意力不集中，家長也需多留意。

情緒

有些語言障礙，表現雖不太明顯，但孩子的問題：總會讓他不能暢所欲言，因而有情緒表現。所以常發脾氣，可能是語障的端倪。

學術

有時孩子的語言程度雖不及同齡，但也可以應付一般生活起居的溝通，因為語言需求不高。但語言的差異會在語言要求高的學術上表現出來，特別是閱讀理解，甚至是數學應用題等。所以孩子成績低落，或拒絕學習可能是一個警號。

腦神經傳送能力

W坐姿勢（圖1）就是孩子坐的時候，雙腳後屈，像字母W。這個坐姿讓孩子可以有一個更廣闊的下盤，達到平衡效果。然而，這種坐姿，孩子只能前後移動，減少了活動變化。如果孩子想改變位置，如要站起來，他也會較慢才能改變。人類的發展本來是選擇較高效率的動作，正常是雙腳向前的坐姿。但這個坐姿需要孩子有足夠的肌肉協調，才能保持平衡。因此，這些孩子以W坐姿換來的是比較容易平衡。

圖1：W坐姿勢

低效率的姿勢直接影響孩子在環境裡探索。他們會減低接觸東西的機會，並且削弱物件概念的建立，而身體移動空間也因此減少。可能的結果是，孩子玩玩具類別狹窄，興趣減少。由於物件概念是語言發展的前奏概念之一，故此語言也受到影響。正常的坐姿，是本體和前庭信息的統合結果。整合得宜的運動信息，傳送到背肌、腰肌、腹肌等，通過肌肉收縮，讓身體在反地心吸力下支撐，不會向前坍塌，向後被拉倒，這個結果就像是我們通常看到合適的姿勢。

不理睬或要重複才回應你有沒有發現孩子總是不跟從指令？又或是你跟孩子說話時，他好像聽不到。更有趣的是你會懷疑孩子是否選擇性聽指令？例如，他對某些聲音，如電話鈴聲和說話，如“ipad”特別敏感，但卻對說話反應緩慢。這些表現，都可能是聲音傳送困難所致。因為，傳送缺陷會減低兒童對說話的反應，但對於簡單電話鈴聲的聲音，則可能沒有影響。這是由於大腦處理聲音和說話的位置不一樣。至於孩子對“ipad”反應特別快，是基於一個「捷徑」式的操作模式，正如我們在嘈雜的人聲裡，也會聽到自己的名字一樣。不過這個操作只限於少量的詞語，不會普及到所有說話。所以，孩子依然是給人「聽唔到」的感覺。

聲音傳送困難是一個腦神經傳送缺陷。它不能通過我們要求兒童專注而改變。在語言上，有聲音傳送問題的孩子，多數同時也有音韻問題。它會以發音咬字困難、發音含糊、調轉詞彙（「健康」變成「康健」）等不同形式表現出來。孩子亦會因此造成詞彙量減低的後果。

分不清是左手還是右手為主家長會看到孩子有時用左手，有時用右手，或在把弄物件時，總是只用一隻手，而另一隻手不動。最明顯的是他們在玩玩具時，因為兩手沒有合作抓控，導致玩具越推越遠。這些孩子在寫字時，手往往不按著書簿，以致書本移位。這些現象都是腦袋分工未成熟，或腦神經傳送問題的表現。一般語言發展正常的兒童，語言開始和主手取向的時間相約。所以，在語言遲緩的兒童也常見的現象。

孩子趴低、爬時手不張開

如圖2所示，孩子爬地時，手指是否合起來的。這個姿勢跟觸感接收過敏、本體接收缺陷有關，所以是神經傳送缺陷。合手姿勢對於探索是非常不利的。因為，幼兒要通過手去碰、抓、握物件，才能從接觸得到快感，繼續去把弄物件，建立概念。如果不妥善處理這些問題，早期會有物件概念建立困難，影響認知發展，後期會有執筆困難，或執筆姿勢不佳。因此，也是語障孩子常見的現象。

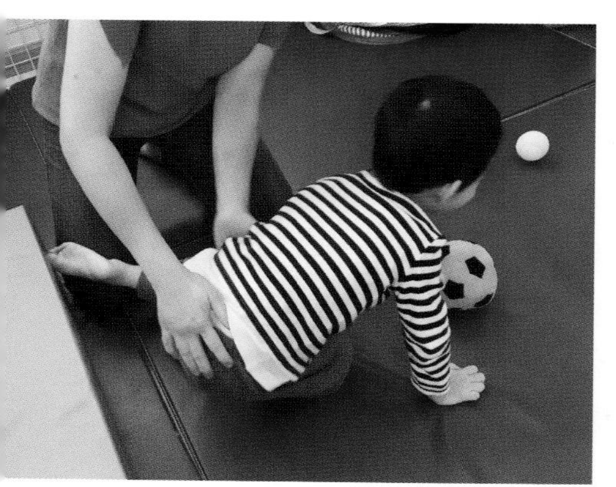

圖2 ：孩子趴低、爬時手不張開

家長在觀察孩子的時候要記住：判斷孩子是否有障礙，最終也是最重要的指標就是他們在實際環境的表現。有時，家長覺得孩子好像很標準，但總覺有點“不對勁”，這可能已是一個警號，不要猶豫，去切實了解一下為要。

第二節

家長想法 誰來定對錯

家長聚在一起，交換心得，這當然是很好的事。在帶子女接受治療的過程中，家長也會建立自己的一套想法。以下是常碰到的情況，讀者在細閱內容之前，一起來「定對錯」。

集合不同方法，以多取勝？

有些家長喜歡帶著子女去不同地方做治療，他們可能認為這樣可以在不同地方取其長處。這種心態，或許就是「不管黑貓、白貓，是貓就是會捉老鼠」。不過，我要先加一句：「如果牠們不打架」！

有一個女孩，7歲，一年前來我這裡的時候還不會説話。而她過去多年都是被訓練發音。對於這個一直以來以錯誤方式訓練而不成功的女孩來説，這種訓練，非但不能讓她開口説話，更使她恐懼、被動。前來治療時，我們儘量以較為興奮的活動帶動她溝通，領會語言。好不容易她才開始説話。然而，就在她開始説話後，婆婆想加速矯正她咬字仍不清晰的問題，重找「發音」訓練。豈不知在不同的治療方向下，孩子只是無所適從，再度變得被動！

有一個叫「中央容量理論」說的就是我們學習時，會用上腦袋的一些容量。情況就好像銀行存款一樣，你用錢買了這件東西，那麼存款就會減少。所以，孩子做不同的訓練，花了的不只是時間，還有腦袋容量。回到原來的問題，是否真的是越多越好？

有改變就是有進步？

有些家長會認為，訓練如果不對，子女應該沒有改變。然而，神經可塑性告訴我們，刺激會帶來腦袋改變，而任何訓練都是一種刺激，都會帶來一些改變。假設我們住在森林裡，你覺得我們會跟現在身體的發展一樣嗎？在第一章已經提到的鸚鵡也能在刺激下"學舌"說話，如果是我們的子女，這些改變能否抵銷黃金時間應有的進步？記住，孩子的時間不會重來。

等他大一點？

家長有時說，等孩子大一點才做治療。等他大一點？孩子會在他原有的軌跡上有所長進，但腦袋變化又會慢了一點。等還是不等？

家長也要當治療師？

有一種說法：「治療只佔小部分時間，而父母跟子女在一起的時間最多，所以父母也應該成為治療師。」我會把這個說法作一點修改，就是：在協助孩子語言發展上，家長是需要「配合」的。

因為，有些家長會過分緊張，而忽略實際情況，要求孩子的每個回應都用他們（家長）的方式回答，這些家長的配合就是「彈性」。有些家長對於「多動」子女，是嚴厲要他們坐定，不明白原來多動的背後是腦運動偏差；所以，這些家長的配合就是多帶子女去公園「活動」。有些家長要照顧家庭、子女……還要承受相當大的工作壓力，他們把無形的壓力加諸子女，這些家長的配合就是「放鬆」。再者，從心理角度而言，在子女面前，父母永遠是「父母」，真的可以充當治療師？

社交小組提升社交能力？

很多家長以為參加社交小組就可以提升孩子的社交能力。精心策劃的社交小組活動能激發組員間互動，這固然好，但如果社交小組只是幾個孩子一起上課，輪流做活動，且把不同年齡、不同問題的人都混在一起，那麼帶領的人又如何提升這些目標不一致的孩子的社交能力呢？如果孩子在個人能力、情緒上，還不足以有效地參與群體活動，就好像有些人不喜歡社交場合，那麼硬要把他們放到這些場合，他們真的就會社交嗎？

孩子需要無比呵護？

很多家長以為呵護備至便是協助子女成長。由於子女數目不多，我們常看到幾個成人看守著一個孩子。本來有人看顧是好的，不過也會過分照顧。例如：一些照顧者太在意孩子摔倒。 即使兒童在平地快速奔跑幾步，便會立即被他們喝止；又或是兒童被一條帶繫著，以免跌倒。這些做法看似可以防止孩子受傷，但卻剝削了他們建立感覺運動經驗，減低提升腦部及思考發展的機會，孰輕孰重，家長衡量。或許，我們可以用另一角度看，在安全環境下，讓孩子蹦跳，讓他們得到成長要素，這是否一個更合時宜的呵護呢？

第三節 聽一聽，想三想

在這麼多年的治療生涯裡，無論是在香港還是北京，我目睹、或從家長口中聽聞很多花樣百出的「治療」。對於那些抱著嚴謹的態度，確實在實踐專業理論的同行，我十分敬重；然而，對於另一些不求理論，或揣合逢迎的做法，我實在不敢恭維。在這裡，我請家長讀者聽一聽，想三想。

言語治療變成圖片描述

圖片使用是言語治療常用的工具，不過是否應該用圖片？何時用圖片？用什麼圖片？就需要考慮孩子的能力了，第三章已討論過選擇指引。通常，一般感覺運動能力不足的孩子，即使是三歲後，看平面圖畫能力仍不足（參考第五章，圖4，5）。

我還是學生時，大學老師帶我們認識治療圖卡。他們把「治療圖卡」看得何等專業，必須合資格人士才能買。我當時跟老師說：

「I think speech therapy is useless. Once parents get our picture cards, they could teach their children themselves. No need speech pathologists。」

（言語治療沒有用。家長拿到圖卡，也可以自己教孩子，不用言語治療師）。

老師沒有正面回答我，只是說：「Let's see」（且看看吧）。就此，我「see」到今天，我肯定！我當時說得沒錯。

「圖片溝通」不能發展語言

言語治療師有時也會教「非說話溝通方式」。不過，這些方式主要針對年紀大或有特別身體障礙的人士。對於發展遲緩的孩子，不管是什麼症狀，這種方式都不應該是第一個選擇！有些訓練主張「圖片溝通」，並給了一些冠冕堂皇的原因，說是什麼策略，又說是使用圖片可同時刺激語言等……

這是我的經驗：三十多年前，我剛畢業，當時治療界提倡使用手語。我也有幸地被邀請參加一個叫「默啟通」（Makaton）手語委員會。我嘗試在當時服務的一所特殊學校裡，教授沒有語言的孩子學手語。不久，我發現他們的手指操作根本做不到那些複雜的手語。我轉為教他們用圖畫溝通。如此，我努力了兩年，成功地教曉了他們一些實體詞彙，更以一些影子圖畫（圖3）提升了他們的想像力，不過他們卻不能繼續進展到使用抽象、情緒等詞彙。終於，我明白圖片溝通並沒有提升他們的語言能力。所以，我肯定地說：這個方法行不通！第一不合乎發展規律，第二我嘗試過，也失敗過！

圖3：影子圖

工具不是知識

專業的“價值”在於治療師的知識，而不是治療工具的標榜。近年來，治療師對「口肌工具」趨之若鶩，有些甚至把工具作為招徠。其實這些工具只不過是協助訓練嘴唇、舌頭等肌肉運動的，根本就是一支壓舌棒即可做到。工具是用來協助彰顯知識的，但並不是知識。再者，工具在發音治療上的用途也是很有限的。發音治療需要的是語言知識及音韻知識，在大多數情況下，根本不需要工具，已經可以在幾節課內矯正孩子的發音。

「教」不是「治」

語言特性告訴我們，語言不是「教」出來。有些訓練，用無數獎勵「教」孩子。訓練員：「你叫什麼名字？」孩子：「我叫

XXX」。即使孩子終於學會這個模式，但也不代表他可以回答「你姓什麼？」

我剛當治療師時，我的治療師朋友多跟我一樣，在特殊學校工作。我們經常面對的一個問題就是：校長要求我們教一些學校課程的詞彙。當時，我腦海盤旋著一個問題：言語治療師和語文老師有什麼分別？不知道身為治療師的你或身為家長的你，有否問過這個問題？

濫用獎勵

有時，要求孩子説話才給他想要的東西，本是無可厚非的。不過，如果把獎勵變成了訓練必須，那便有必要檢討一下了。

第一，這是鼓勵孩子為了獎勵而工作，違反了溝通的本意；第二，從心理學角度來看，外來的獎勵是會降低當事人對事物的興趣；第三，也是最重要的就是：根本無須用額外獎賞，孩子會為自己的進步而得到內在獎勵的。

美麗的名字，但不是治療

某些方法，配上了一個美麗的名字。當治療師跟家長解釋時，也擲地有聲地説用了「XX法」。以下是治療師（T）帶領兒童（C）的對話：

T：邊個？ C：媽媽
T：喺邊度？ C：（無回應）
T：街市 C：街市
T：做乜嘢？ C：買菜
T：媽媽去街市買菜 C：媽媽買菜
T：媽媽喺邊度買菜？ C：街市
T：媽媽去街市買菜 C：（無回應）
T：講「媽媽去街市買菜」 C：講媽媽去街市買菜

請問，這樣不斷使用問題，你覺得這個孩子真的學會了？

永遠都是孩子的錯

錯誤的活動、錯誤的目標、不專業的手法，都會讓孩子無所適從，缺乏動機，治療固然失去應有的效果，但最終都會以孩子「不注意」、「不合作」、「缺乏動機」來解釋。治療師完全沒有檢討，而是把責任歸咎孩子。

媽媽當自強

作為媽媽，不僅要帶著語障孩子，為他奔波。但原來家長要面對的，遠比我們想像的更多。當媽媽的（爸爸也是），真的要自強不息！辛苦啦！

旁邊太多專家

發現孩子有障礙時，家長不知所措，求助無門，想找人給點意見。這當然是一般家長的苦惱。不過，另一種不為人知的苦惱則是旁邊“專家”太多。這些“專家”有親戚、朋友、其他家長、網友。每個人都會苦口婆心的給他們「專業」意見：「孩子三歲了，應該上學」、「讓他上學學規矩也好」……但作為家長，要以清晰的頭腦、準確的眼光、堅強的意志去決定，因為你才是最了解孩子的人！

老師也無奈

語障孩子，在學校往往會產生不同的問題：學習、與同學關係等。老師多會聯絡家長，投訴孩子在學校的種種表現。久而久之，這些孩子的家長都會害怕接到老師的電話。對於這些家長，我會建議他們從老師的角度去考慮。其實，老師跟你説，也是表達他們的無奈。試想想，如果老師可以解決這些問題，她也不用打電話來！

 區分障礙，以免延誤

這個標題，看來很可笑，為什麼叫家長去區分，不是應該專業人士做的嗎？我完全同意，不過現實是要家長自省。

語言和發音從定義上看，好像很清晰。不過，當障礙出現時，它們很容易被混淆。「語言」障礙的其中一個表徵是發音含糊。情況好像我們說一種不熟悉的外語。我們在不知道如何組織說話時，都會有此表現。例：三歲孩子只能含糊地說一些聲音。我們便很容易聯想到他不會發音，便著重教他「發音」。混淆訓練會讓孩子語言停滯不前，再將問題歸咎口肌不佳，於是再做「口肌」訓練。遺憾的是，原來做「口肌」也不一定能幫助「發音」，而「發音」也並不等同「語言」。

記得有一次，我聽到電台一個訪問節目，主持人問治療師，孩子語言遲緩的原因，對方的回答居然是「這與嚼菜嚼得不好有關」。我們現在聽起來，感到可笑。但當時作為普通的家長，在這個「專業」解釋下，會怎樣想？

曾經一個發展失用症的學生，三歲多還沒開始說話，來到我的診所接受治療，七歲時去了澳洲。走的時候，他雖然已經可以對答，但語言與發音仍然落後。從專業角度而言，若語言和發音都

有問題，應先處理語言。然而，他去了澳洲之後，三年來依然在做發音治療。我當時問回來渡假的孩子媽媽：為何只做發音，媽媽無奈的告訴我，她已經向治療師反映了孩子的語言組織問題，但治療師說要矯正語言應該找學校老師。最後家長只能自行終止治療。原來混帳的「專業」是無國界、地域之分的！

家長是孩子的將來

作為家長，沒有人會有心理準備孩子有問題。所以，無論在什麼時候發現孩子有障礙，“錯愕”會是家長的第一個反應。證實這個消息後，有些家長會立即開始尋找資源，但也有些家長需要點時間來接受這個事實。這是一個家長如何從消沉中跳出來的艱難經歷：

不能再奢侈

孩子長得十分機靈、漂亮，小時候特別愛笑，很早已經有些「爸爸」音，還以為他會比一般孩子早説話，只是他的發展好像在兩歲後便停了下來。3歲時，這個孩子被評估為自閉症。對於媽媽，簡直是晴天霹靂，難以置信之餘，她也不知道怎樣跟家人透露這個噩耗。她把自己關進房間裡，不願見人，也不想面對孩子。就這樣地消沉了好幾個星期。有一天，她看到衣櫃裡漂亮的衣服，新簇簇的，花了很多錢買回來，但還未曾穿過。這時，她腦海裡突然冒出了一個念頭：奢侈！買衣服很奢侈，但自己用了這麼長的時間來傷心，何嘗不是一件奢侈的事！就這樣，她踏出了自己的房間。

不要放棄

以上是這位家長的心路歷程，我覺得她表達得很好。的確，我們需要時間去消化一些情緒，但不能太奢侈。面對障礙兒童，儘早治療，孩子還有機會！

家長最想知道孩子做治療後會怎樣，這本書引述的例子都可作參考。讓我再跟大家分享一個例子：利安在3歲多評估時，被評為自閉症。他當時表現呆滯，瞪著一對大眼睛，沒有焦點的看著前方，對前面的玩具碰也不碰，不會説話。初上治療課時，含著淚水，表現得驚恐、被動。今年，他剛上小學一年級。

利安的話……大家覺得怎樣？T：治療師 C：利安

T：點解度門咁得意嘅？

C：因為呢度門雖然（不像一般的門）…好好玩，但係佢下面有條門口（路軌）可以用呢啲（指著門鎖的位置）黎打開，之後呢狂風暴雨都吹唔爛嘅，平時啲門可以打開吖嘛，但係依度門呢，狂風暴雨都…打開唔到架，因為佢係有啲AA超能膠黐力架，只要放一舊咋，就可以颱風黐足一個月架。

T：咁犀利？

C：所以啲人呢，都盡力買AA超能膠黎黐，擺兩舊囉，之後真係黐到呀，但係只係可以一次颱風架咋…

T：淨係一次颱風，咁下一次颱風黎點算呀？

C：去買囉！去買多兩舊AA超能膠“dum”落呢個窿嗰度囉，咁樣就可以架，咁樣又可以黐住，又可以俾風吹住喇~

T：點解你咁聰明諗到啲咁犀利嘅嘢？

C：因為我屋企度門成日呢，俾颱風吹咗出去囉，因為啲趟門又俾颱風吹咗出去囉，所以我就唔想有依啲咁嘅情況，就整一道趟門，等佢呢，颱風都吹唔走架…

「言語治療」只是一個行業的總稱，治療師之間對理論的演繹和手法可以大相徑庭。若家長在一個地方得不到理想效果，並不等於治療沒有用，或「我的孩子教不來」。請花一點時間和給予耐性閱讀一下語言理論，你會更清晰地找到合適的治療，不要放棄。

總結本章

★家長多一分知識，多一分能力為孩子選擇合適的治療

★很多看似順理成章的「治療理論」，其實並非如此

★多觀察、多思考，不要延誤

★堅強的媽媽才能為孩子打造未來

無論家長走的日子是步履輕鬆，還是步步艱辛；但在這走過的路上，治療師的足印從沒有離開過！

寫作這本書的初時，面對龐大的資料，有限的篇幅，真不知從何下筆。我就把所有自己知道的理論依書直説地寫下來。編輯第一次閱後説我好像在寫論文。這個評語對於我是難以理解的，因為我不知道寫論文和書本有什麼分別。同時，我也未能劃清既要大眾化，又不失專業的界線。直至我找謝宗義校長賜序，他不但爽快應承，還不辭勞苦，仔細審察全書內容。然後提醒我理論太過艱深，提出闡述理論不必拘泥於詳情；反而，將深奧理論簡單化，才能使讀者明白易曉。有了這位治療界大哥的明燈指引，我方才恍然大悟編輯的話，把整本書的內容從新佈局。

撰寫本書時真有「字到用時方恨少」之感。在過程裡，我常忐忑於：如何通過文字將心中所想的清晰地展現給讀者。要文字能充分發揮其感染力，實在是一門高深的學問，這個經驗真教我體會良多！儘管寫書對於我這個初哥來説是艱難重重，但看著這全攻略一步一步地邁向終點，心裡的喜悦還是筆墨所不能形容的！因為，將治療理念帶得更遠，傳播到更廣泛的地方，從來就是我的心願、我的夢想！

本書能夠順利出版，當中不乏一班有心人的幫忙。明潔瑩姑娘，以「優秀社工」本質，在得悉我書寫了這本書之時，給予我無限的鼓勵，啟動了我出版本書的原動力。林小玲校長，提點我從寫作到出版過程的環節，更分享她的人脈網絡，讓我在尋找編輯、場地，如魚得水。謝宗義校長，既是言語治療界翹楚，也是教育界中堅分子，以其銳利的目光、敏捷的思考，對我隱藏的疑惑洞察入微，鞭策及敦促我重整本書的結構。

我也特別要感謝狄月華女士的仗義幫忙。她是我北京的家長，也是一位交心的朋友。我初時只是冒昧地邀請她協助我把繁體轉為普通話版本。她不但爽快應承，而且將全書閱讀，更發揮她中文專業的特長，憑藉其高超的語文造詣，把內容潤色、校對；讓這本理論知識的書，惠澤其詞藻甘露，使原來平平無奇的文章添上了幾分文彩。

最後，我感謝所有接受過治療的對象，因為你們的信任，「治言法」才有機會出現；因為你們，治療才有意義。

參考書籍

Anglin, J. M. (1993). Vocabulary development: A morphological analysis. Monograph of the Society for Research in Child Development, 58 (10, serial No.238)

Ayres, A. J. (2000). Sensory integration and the child. Los Angeles: WPS

Bear, M. F., Connors, B. W., & Paradiso, M. A. (2001). Neuroscience. Sydney: Lippinott Williams & Wilkins.

Bee, H., & Boyd, D. (2003). Lifespan development. Boston: Allyn & Bacon.

Berry, M. F. (1980). Teaching linguistically handicapped children. NJ: Prentice-Hall.

Bloom, L. (1973). One word at a time: The use of single-word utterances before syntax. The Hague: Mouton.

Bloom, L. (1978). Readings in language development. New York: John Wiley and Sons.

Bloom, L., & Capatides, J. B. (1987). Expression of affect and the emergence of language. Child Development, 58, 1513-1522.

Bloom, L., & Lahey, M. (1978). Language development and language disorders. New York: John Wiley and Sons.

Bookheimer, S. (2002). Functional MRI of language: New approaches to understanding the cortical organization of semantic processing. Annual Reviews of Neuroscience, 25, 151-188.

Brown, R. (1973). A first language: The early stages. London: Allen & Unwin.

Bruner, J. (1974/1975). From communication to language — A psychological perspective. Cognition, 3, 255-287

Bullowa, M. (1970a). Infants as conversational partners. In T. Myers (Ed.), The development of conversation and discourse. Edinburge: Edinburge University Press.

Chomsky, N. (1959). Review of "Verbal behavior" by B.F. Skinner. Language, 35, 26-58

Clark, H. H. (1976). Semantics and comprehension. The Hugue: Mouton

Condon, W. (1979). Neonatal entrainment and enculturation. In M. Bullowa (Ed.), Before speech. New York: Cambridge University Press

Cooke, J. & Wiliams, D. (1987). Working with children's language. US: Winslow Press.

Duffy, J. R. (1995). Motor speech disorders: Substrates, differential diagnosis, and management. St. Louis, MO: Mosby

Fantz, R. (1963). Pattern vision in newborn infants. Science, 140, 668-670.

Folio, M. R., & Fewell, R. R. (2000). Peabody Developmental Motor Scales (2nd ed.). USA: Pro-ed.

Gardner, R. A., & Gardner, B. T. (1969). Teaching sign language to a chimpanzee. Science, 165, 664-672.

Gardner, R. A., & Gardner, B. T. (1975). Evidence for sentence constituents in the early utterances of child chimpanzee. Journal of Experimental Psychology: General, 104, 244-267. (abstract only)

Greenfield, P., & Smith, J.H. (1976). The structure of communication in early language development. New York: Academic Press.

Grieve, R., & Hoogenraad, R. (1979). In P. Fletcher, & M. Garman (1986). Language acquisition : Studies in first language developmen (2nd ed.). Cambridge University Press

Griffiths, D. (1979). Speech acts and early utterances. In P. Fletcher, & M. Garman (1986). Language acquisition: Studies in first language development (2nd ed.). Cambridge [Cambridgeshire]: Cambridge University Press

Hirsh-Pasek, K., & Golinkoff, R. (2006). Action meets word : How children learn verbs. New York : Oxford University Press.

Huttenlocher, P. R. (2002). Neural plasticity: The effects of environment on the development of the cerebral cortex. Cambridge, M.A.: Harvard University Press.

Kalat, J.W. (2004). Biological psychology. Australia: Thomson Wadsworth.

McCormick, L., & Schiefelbusch, R. L. (1990). Early language intervention. New York: Merrill.

Miller, J. F. (1981). Assessing language production in children.: Experimental procedures. Austin, Texas : Pro-Ed.

Nelson, K. (1973). Structure and strategy in learning to talk. Monograph of the Society for Research in Child Development, 143(38).

Owens, R. E. (1988). Language development: An introduction (2nd ed.). Columbus, OH: Merrill.

Owens, R. E. Jr. (1996). Language development. Boston: Allyn and Bacon.

Payne, V. G. & Isaacs, L. D. (1991). Human motor development. US: Mayfield Publishing Company.

Piaget, J. (1952). The Origins of Intelligence in Children. New York: International Universities Press.

Rutter, M (1972). Psychological assessment of language abilities. In M. Rutter, & J. Martin (Ed.), The child with delayed speech. London: William Heinemann Medical Books.

Shulman, B. B. & Capone, N. C. (2010). Language development. Boston: Jones and Bartlett Publishers.

Skinner, B. F. (1957). Verbal behavior. New York: Appleton-Century-Crofts.

Vygotsky, L. S. (1934/1962). Thought and language. Cambridge, MA: The MIT Press.

Wells, G. (1985). Language development in the preschool years. New York: Cambridge University Press.

「發展障礙」檢測表

以下的自我檢測表，由父母或熟悉孩子的人填寫。填寫後按右側分表計算總分

項目	標準		較低	正常	超越
智能	父母主觀感覺		1	2	3
項目	表徵		不是	似乎有	是
語言	兩歲後才開始説話		1	2	3
	注意力：不留心於環境裡發生的事情		1	2	3
	(a),(b) 只填其中一項				
	(a)5歲前	語言能力不及比他年幼6個月的孩子	1	2	3
	(b)5歲後	講故事未能清晰表達主角，以及未能交代事件的發生原因和結果			
其他能力	情緒：經常發脾氣		0	1	2
	W坐姿勢		0	1	2
	(a),(b) 只填其中一項				
	(a)3歲前	不能坐定玩玩具	1	2	3
	(b)3歲後	認字、默寫或閱讀理解等不及同齡			
腦傳送	不理睬或經常要別人重複説話才回應		1	2	3
	分不清是左手還是右手為主		1	2	3
	孩子趴低、爬時手不張開，或拒絕爬		0	1	2

<table>
<tr><th>總分</th><th>分析</th><th colspan="2">建議</th></tr>
<tr><td>21-27</td><td>有明確發展障礙表徵</td><td>盡快找專業評估及治療</td><td rowspan="3">無懼障礙，
正確治療，
重回正軌</td></tr>
<tr><td>16-20</td><td>有發展障礙表徵</td><td>找專業評估及治療</td></tr>
<tr><td>11-15</td><td>有部分發展障礙表徵</td><td>根據以上項目繼續觀察</td></tr>
<tr><td>7-10</td><td>沒有發展障礙表徵</td><td colspan="2">按發展里程，開啟潛能</td></tr>
</table>

言語治療全攻略

出版　夏小月言語病理學（言語治療）診所
北京夏氏教育諮詢有限公司
協助出版　博學出版社
主編及撰寫　夏小月
督印　博學國際
編輯　黃潔玲
校對　余善玲、郭詠思、鄧翠盈
資料蒐集　余善玲、郭詠思、鄧翠盈、温樂彤、張婷婷、楊維維
設計　Joe Chan
內容插圖　郭詠思、張婷婷、夏小月

國際書號　978-988-15914-0-1
版次　初版
發行　聯合書刊物流有限公司
售價　港幣 $200
出版日期　2019 年 11 月初版

診所地址　香港北角英皇道 338 號，華懋交易廣場 II 期 2708-09 室
新界荃灣青山公路 457 號，華懋荃灣廣場 1305 室
北京朝陽區建國路 88 號，SOHO 現代城 D 座 902 室
電話　(852) 25975330，(852) 25975661，(010) 85800800
電郵　jhspeechpathology@gmail.com , jhabeijing@126.com
網址　www.jha.com.hk , www.hongkongjha.com